WILEY

Multimodal Biometric and Machine Learning Technologies: Applications for Computer Vision

多模态生物识别和机器学习技术

〔印度〕桑迪普·库马尔（Sandeep Kumar）
〔印度〕迪皮卡·盖伊（Deepika Ghai）
〔印度〕阿皮特·贾因（Arpit Jain） 编
〔印度〕苏曼·拉塔·特里帕蒂（Suman Lata Tripathi）
〔印度〕希尔帕·拉尼（Shilpa Rani）
王路才 郑智林 高元博 译

哈尔滨工程大学出版社
Harbin Engineering University Press

黑版贸登字 08-2024-041

Multimodal Biometric and Machine Learning Technologies：Applications for Computer Vision（9781119785408）by Sandeep Kumar，et. al.

Copyright © 2023 John Wiley & Sons，Inc. All Rights Reserved.

图书在版编目（CIP）数据

多模态生物识别和机器学习技术 /（印）桑迪普·库马尔（Sandeep Kumar）等编；王路才，郑智林，高元博译. -- 哈尔滨：哈尔滨工程大学出版社，2025. 1.

ISBN 978-7-5661-4599-4

Ⅰ. TP391.4

中国国家版本馆 CIP 数据核字第 202411DV87 号

多模态生物识别和机器学习技术
DUOMOTAI SHENGWU SHIBIE HE JIQI XUEXI JISHU

选题策划	石　岭
责任编辑	刘梦瑶
封面设计	李海波

出版发行	哈尔滨工程大学出版社
社　　址	哈尔滨市南岗区南通大街 145 号
邮政编码	150001
发行电话	0451-82519328
传　　真	0451-82519699
经　　销	新华书店
印　　刷	哈尔滨午阳印刷有限公司
开　　本	787 mm×1 092 mm　1/16
印　　张	13.75
字　　数	342 千字
版　　次	2025 年 1 月第 1 版
印　　次	2025 年 1 月第 1 次印刷
书　　号	ISBN 978-7-5661-4599-4
定　　价	78.00 元

http://www.hrbeupress.com

E-mail：heupress@ hrbeu.edu.cn

前　　言

本书提供了关于多模态生物识别和机器学习技术的相关信息，以帮助那些希望了解更多关于实时应用程序的学生、学者和行业研究人员。多模态生物识别和机器学习技术关注的是人类和计算机如何相互作用，使复杂问题变得越来越简单。本书提供了关于多模态生物特征设计、评估和用户多样性理论的内容，旨在解释社会和组织问题的根本原因，这些问题通常用于描述特定过程的康复方法。此外，本书还介绍了各行业科学家都可以使用的新的建模算法。

多模态生物识别和机器学习技术已经彻底改变了安全和身份验证领域。这些技术利用多种信息（如面部识别、语音识别和指纹扫描）来验证个人身份。随着数字技术的兴起，网络攻击和身份盗窃呈指数型增长，人类对增强安全和身份验证的需求越来越迫切。由于黑客设计的新的方法绕过密码、个人识别码等传统的身份验证方法，造成传统的身份验证方法变得越来越不安全。在这种情况下，多模态生物识别和机器学习技术提供了一种更安全可靠的身份验证方法。

多模态生物识别技术利用多种信息来验证个人身份。例如，面部识别技术使用独特的面部特征来识别一个人，而语音识别技术则使用独特的语音模态来识别一个人。通过结合这些不同的信息来源，多模态生物识别技术可以提供一个更稳健和更准确的识别过程。

机器学习技术是认证系统中使用的另一个强大工具。机器学习算法旨在从数据中学习，并随着时间的推移而改进。在认证系统中，机器学习算法可以学习识别用户行为中的模态和异常情况，这可以帮助检测和防止欺诈。多模态生物识别和机器学习技术的结合使高度安全可靠的身份验证系统得以发展。这些系统可以在保持高度安全性的同时提供无缝的用户体验。例如，用户无须输入密码或个人识别码即可进行手机解锁。该系统使用面部识别技术来验证用户的身份，并使用机器学习算法来检测和防止欺诈。

多模态生物识别和机器学习技术的主要优势是它们能够适应不断变化的环境。例如，如果用户的面部受伤或声音因疾病而变化，系统仍然可以使用其他信息来源来验证他们的身份。机器学习算法还可以适应新型的欺诈和网络攻击，使黑客更难绕过该系统。但是，这些技术的使用也面临着一些挑战。

隐私问题是一个重要问题，因为生物特征数据的收集和使用可能会引发伦理道德问题。至关重要的是要确保安全地收集和存储用户数据，并充分告知用户如何使用这些数据。此外，这些技术的准确性可能因数据质量和所使用的算法不同而有所不同。研究人员需要不断改进和完善算法，以确保其高精度和可靠性。

总之，多模态生物识别和机器学习技术已经彻底改变了安全和身份验证领域。这些技术提供了一种更安全可靠的身份验证方法,同时提供了无缝的用户体验。与此同时,解决隐私问题并提高这些技术的准确性和可靠性至关重要。

基于多模态生物特征的机器学习技术包含以下特点。

(1)提高准确性和可靠性:通过组合多种生物特征模态,多模态生物识别系统可以比依赖于单一生物特征模态的系统更准确和可靠。这是因为使用多种模态减少了错误匹配的可能性。

(2)增强安全性:与传统的验证系统(如密码或个人识别码)相比,多模态生物识别系统可以提供更好的安全性,因为生物特征是个人独有的,不能轻易复制或窃取。

(3)适应性:多模态生物识别系统具有很强的适应性,可以进行定制,以满足各种应用程序和用户群体的需求。例如,一个系统可以被设计成根据用户的面部、声音、指纹或任何生物特征的组合来识别用户。

(4)可扩展性:多模态生物识别系统可以为处理大量用户信息而进行扩展,并且不会影响信息的准确性和处理速度。

(5)基于机器学习:多模态生物识别系统经常使用机器学习算法来分析生物特征数据,并随着时间的推移提高系统的准确性和可靠性。

(6)用户友好型:多模态生物识别系统通常被设计为用户友好型,用户只需付出最小的努力。例如,系统可以被设计为同时识别用户的面部、声音和指纹,而不需要用户执行任何特定的操作。

桑迪普·库马尔(Sandeep Kumar)

迪皮卡·盖伊(Deepika Ghai)

阿皮特·贾因(Arpit Jain)

苏曼·拉塔·特里帕蒂(Suman Lata Tripathi)

希尔帕·拉尼(Shilpa Rani)

2023 年 8 月

目 录

第1章　计算机视觉中的多模态生物识别

Sunayana Kundan Shivthare[1]*, Yogesh Kumar Sharma[2], Ranjit D. Patil[3]

摘要

随着全球范围内对安全法规和信息安全的需求不断增长,生物识别技术比以往任何时候都更加普遍。由于克服了单模态生物识别系统的几个重大缺点,多模态生物识别技术已经变得流行起来。多模态生物识别技术利用个人识别系统的大量生物特征标记来识别个体。与只使用指纹、面部、掌纹或虹膜等一种生物特征的单模态生物识别不同,多模态生物识别相对更安全。不同的生物识别系统有助于确认只有真实用户在使用这些服务。使用机器学习(machine learning,ML)、计算机视觉、目标检测和识别、图像分析模态识别和卷积神经网络(convolutional neural network,CNN)等前沿方法是生物特征识别方法背后的总体理念。机器学习和深度学习(deep learning,DL)是当今数字时代广泛应用的领域。在上网时,机器学习和深度学习的算法被用于网络世界的各个方面。这表明,这些领域已经成为我们生活中不可分割的一部分。通过这些技术,我们对通过在线媒体产生的大量数据进行了分类。在计算机视觉中,这些算法留下了清晰的足迹。深度学习是机器学习的一个子集,它研究和应用人工神经网络。深度学习是现代人工智能的核心,其应用迅速扩展到各个行业和领域。在本章中,作者试图阐明机器学习与深度学习的概念和算法在多模态生物识别中的应用。

关键词:机器学习;深度学习;计算机视觉;生物识别系统;多模态生物识别;身份验证

1.1　引　　言

生物识别是基于个体的素质或特征来识别个体的科学方法[1],它还被用来定位所要监视的人。生物识别标示符具有独特的、可量化的特点,可以识别并具体定义人。生物识别系统对于寻找一个人和提高全球安全能力至关重要。许多生物特征,包括身高、DNA、笔迹

---

* 通讯作者,邮箱: sunayanashivthare@ gmail. com。

1.马哈拉施特拉工程与教育研究学院的麻省理工人文学院,商业和科学学院,阿兰迪,浦纳,马哈拉施特拉邦,印度。

2.计算机科学与工程系,科纳鲁拉克什马亚教育基金会,瓦德斯瓦拉姆,冈图尔,安得拉邦,印度。

3.帕蒂尔艺术、商业与科学学院,皮姆普里,浦纳,马哈拉施特拉邦,印度。

等,都可以使用,但基于计算机视觉的生物特征在人类识别中越来越重要[2,3]。通过使用计算机视觉识别人脸、指纹、虹膜和其他生物特征,可以对人建立有效的身份认证系统。

1.2　人工智能、机器学习和深度学习在生物识别系统中的重要性

随着当今智能人工系统和电子技术的发展,个人生物识别认证已经发展成为一种必要且需求旺盛的技术。人们设计了具有大量隐藏层的人工神经网络(artificial neural network,ANN)来提取低级别到抽象级别的特征,用于深度学习,这是机器学习的一个新的子类别。深度学习方法包括分布式和并行数据处理、自适应特征学习、可靠的容错能力和自适应恢复特性[4],它被广泛应用于建筑、机场、手机、身份证等领域。鲁棒识别系统必须使用生物识别数据进行学习。一个人可以通过各种物理特征(如手的几何形状、指纹、面部、掌纹、虹膜和耳朵)和行为因素(如步态、特征和声音)来识别。这些特征和行为可以将一个人与另一个人区分开来,并且不会随着时间的推移而被遗忘或丢失[5]。将其中两个或多个特征结合起来有助于提高安全性,表现出优异的性能,并解决单峰生物识别系统的缺点和局限性。

一些生物识别领域的研究人员已经开始使用机器学习技术。在对原始生物特征数据进行分类之前,机器学习算法必须将其转换为合适的格式并提取其特征。在特征提取之前,机器学习技术需要完成一些预处理操作[6]。

目前,深度学习给人留下了深刻的印象,并在生物识别系统方面取得了突出成就。传统机器学习技术的许多缺点,特别是与特征提取方法相关的缺点,已经通过深度学习算法得到了解决。深度学习技术可以处理生物特征图像的变化,获取原始数据和提取特征[7-9]。

语言是人际交流的主要手段。人类比所有生物都优越,因为他们使用语言进行交流。人类可以通过语言进行交流,主要在于其视觉和听觉。智能思维机器的想法与计算机发明的灵感密切相关。视觉、听觉、嗅觉、味觉和触觉这五种感官使我们能够观察、理解、欣赏和参与我们的环境[10,11]。对人类智力贡献最大的两种感官是视觉和听觉。人脑通过眼睛和耳朵接收关于物体和声音的信息,对其进行处理,然后执行对应的动作[12]。

人工智能(artificial intelligence,AI)可望能够处理人类的语言以及听觉和视觉输入。研究人员在开发人工智能的同时,也创建了由完全编程的指令和逻辑组成的通用软件。制造模拟人脑的软件是人工智能研究人员和程序员的目标之一。随着深度神经网络和处理大量数据所需的复杂技术的诞生,人工智能经历了一场革命。计算机在20世纪初首次进入世界时,它们被用来求解复杂的方程[13,14]。后来,当其他技术出现时,人们开始认为计算机不仅仅是计算器。人工智能是正在取代人类劳动的领先技术之一。深度学习是机器学习的人工智能子集的一个子领域,于1943年首次引入[1,15,16]。

深度神经网络有助于计算机处理语音、图像、视频和其他类型的自然语言。深度学习是计算机科学中处理这些深度神经网络的分支的名称。本章旨在探讨机器学习和深度学习的各个方面。深度学习旨在使用数学算法来学习人类大脑网络是如何工作的。创建深

度学习的核心目标是模拟人脑复杂的认知过程,赋予机器独立思考和决策的能力[3,17,18]。深度学习是一种使用神经网络来处理大量数据的方法。自然语言处理、图像识别和语音识别中的几个问题可以在这个阶段得到最好的解决。对不同的机器学习算法采用深度学习的一个关键好处是,它可以从训练数据集中的少量现有特征中创建新的特征。因此,深度学习算法可以通过创建新任务来解决当前的问题[4,19,20]。

人工神经网络是一种用于深度学习的算法,其灵感来自大脑的结构和操作。输入层、隐藏层和输出层组成了人工神经网络。深度神经网络具有许多隐藏层,是人工神经网络中更复杂的迭代。换句话说,深度学习模仿了人类大脑的工作方式。在神经系统中,每个神经元都与其他神经元连接,并推进不同的输入类型,这正是深度学习算法的工作原理[21]。深度学习中的层系统是它最好的资产。机器学习和深度学习之间存在显著差异。虽然深度学习模型往往在大量数据收集和持续改进方面表现异常出色,但机器学习模型已达到饱和点,难以改善[22]。特征提取区域是未来的另一个区别。机器学习要求每次都手动提取特征,但深度学习模型可以自主学习,而不需要人工干预[7]。在深度学习过程中,计算能力更为重要[23,24]。这取决于我们的层,如果层是可行的,则需要必要的 GPU 和 CPU 数量。否则,在一天、一个月甚至一年后获得结果都可能比较困难[8,9]。

1.3　机器学习

机器学习系统在传统的编程过程中进行输入,并基于逻辑产生输出。在机器学习中,向系统提供输入和输出,并使用机器学习算法建立模型。该模型可以进行预测,并解决复杂的问题,如数据分析、商业和现实世界的问题[25]。机器学习程序从经验和不同的例子中学习,并执行相关的任务。机器学习算法使用一个训练数据集来创建模型。如图 1.1 所示,当机器学习算法有新的输入(测试数据)时,它会给出预测结果并对预测的准确性进行评估,如果预测符合预期,则使用机器学习算法。如果机器学习算法没有显示出预期的精度,则使用更广泛的训练数据集再次对其进行训练[5-9]。机器学习的一些例子是谷歌或亚马逊推荐系统、Facebook 自动标记和电子邮件过滤的。

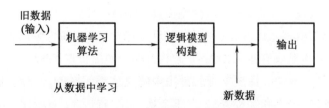

图 1.1　机器学习工作策略

机器学习在数据科学中是有效的。数据挖掘和机器学习过程是相似的。数据挖掘是使用数据库系统、统计学和机器学习的方法来识别大型数据集中的模态(表单)。数据挖掘是用于执行数据库中知识发现的分析步骤的实践之一。有监督、无监督和强化学习是机器学习的三种主要形式。

1.3.1　有监督模型与无监督模型

有监督模型是在标记的数据集上进行训练。标记数据集是包含输入和输出的数据集。提取数据集的特征,并根据需求使用各种算法创建模型。模型创建后,在一个新的数据集上进行测试。这个数据集可以包括一天中的时间、天气条件等。有监督学习比无监督学习更快、更准确。有监督学习中的模型学习过程是离线完成的。在无监督学习中,没有必要监督该模型[26],它适用于未标记的数据。为了获得信息,模型将自行学习。它更喜欢了解实时的情况。无监督学习比有监督学习能够处理更复杂的任务。无监督学习提供的准确性低于有监督学习,但可以检测数据中的各种未知模态。

有监督模型接收来自执行任务的输入和输出数据,而无监督模型只接收反馈。有监督模型用标记数据进行训练,而无监督模型用未标记数据进行训练。有监督模型的主要目标是训练模型,以在引入新输入时预测结果[27]。无监督模型的目的是从未知数据集中提取有价值的见解和隐藏节点。有监督模型包括分类和回归,无监督模型包括聚类和关联[10-14]。

1.3.2　分类与回归问题

在分类过程中,还会对分类值、类别值或离散值进行预测。计算属于特定类别的离散值的精度。标签在分类中指定输出,例如,对猫或狗等图像、垃圾邮件或非垃圾邮件、促销、社交等进行分类。为了解决分类问题,可使用以下算法:支持向量机(Support Vector Machine,SVM)、朴素贝叶斯、逻辑回归、决策树分类、K-最近邻(K-Nearest Neighbor,KNN)和随机森林。回归预测是在连续值上或以数字的形式进行的。回归模型预测的值更接近输出值,并计算出误差。如果误差很小,则该模型更好。天气和股市预测都属于回归预测[28]。

1.4　深度学习

深度学习作为一个新研究方向的崛起,已经引发了人工智能界的广泛关注。深度学习是模仿人类大脑功能的机器学习的一个分支。深度学习,也称为表象学习,它可以自动从数据中发现良好的表象[29]。深度学习模型专注于在最少的人工干预下提取正确的特征。图像识别是一个计算机视觉问题,其中存在数百万像素,但大多数像素是不相关的。因此,在这种情况下,决定和提取有意义的特征变得困难。如果提取的特征被正确地选择,无论质量如何,该算法都会成功。深度学习就是用来解决这类问题的。深度理解包括训练一个神经网络来识别图像、语音和笔迹等,如图1.2所示。与机器学习相比,输入的数据可以是一个更大、更复杂和非结构化的数据[15-21]。

图 1.2　深度学习工作流程

神经网络的思想被用于深度学习,因此,也被称为深度神经网络[30,31]。借助使用更广泛的数据集训练输入节点和隐藏节点,并从数据本身驱动特征,深度学习使用人工智能来预测输出。引入了该模型,并利用有监督和无监督学习来导出特征[17]。图 1.3 中的每个节点都描述了一个相互连接的神经元网络。深度学习模型有三种不同的层,包括输入层、隐藏层和输出层。计算是线性进行的。输入层将原始数据传递给隐藏层,以便它们可以进行必要的计算、识别特征等。然后将它们移动到输出层,以便它们能够进行响应。最有效的深度学习技术是传统的监督学习神经网络,它使用二维卷积层生成照片等二维数据,并对从输入层恢复的特征进行卷积。因此,卷积神经网络有时只需要手动提取。图像的属性可以通过增加复杂性和隐藏层来讨论[32,33]。

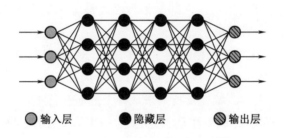

○ 输入层　● 隐藏层　◑ 输出层

图 1.3　深度学习模型的结构

将输入数据集的数据和输出数据集的数据进行比较,以训练神经网络或人工智能。如果人工智能是一个尚未引入的数据集,则输出可能是不正确的。成本函数用于确定人工智能输出的缺陷。如果成本函数为零,那么人工智能系统和真实数据集的输出将相同。可以通过改变神经元之间的权重来降低成本函数的值。在实际测试时,可以使用梯度下降方法[34,35],该方法在每次迭代后将神经元的权重保持在最小值。

1.4.1　构建机器学习和深度学习模型的步骤

构建机器学习和深度学习模型的步骤如下。

步骤 1:理解问题

理解问题是识别问题需求的第一步。

步骤 2:识别数据

可能需要识别来自所提供的数据集的回归或分类数据,以选择模型训练的最佳算法。生成各种图表以了解数据集中包含属性的具体细节。

步骤 3:算法选择

一旦了解了相关的数据集,就可以根据回归或分类来选择最合适的算法。根据其精度,选择最佳的算法。

步骤 4:训练模型

使用所选算法来训练模型,从而确定相关因素。

步骤 5:模型测试

在对模型进行训练后,借助准确性,对测试数据进行测试,得到最佳模型。

1.5 研究现状

不同的研究表明,多模态生物识别系统使用多种识别方法。本节回顾了最近使用多模态生物识别系统、传统机器学习和深度学习技术的研究。Vino 等[32]的研究试图彻底分析卷积神经网络算法在从手静脉、虹膜和面部等三个特征中进行生物识别的应用[36-38]。这要归功于深度学习方法在许多识别任务中的卓越表现。这项研究提供了一种有效的多模态生物特征人体重组系统,该系统基于人们已开发的一个手静脉、虹膜和面部照片的深度学习模型。之所以选择这些特征,是因为面部是最自然和最常见的人的识别特征,而且虹膜提供了足够的识别数据,独有且精确。

最近,Chanukya 等[39]利用神经网络创建了一个多模态生物特征验证系统,可以从一个人的指纹和耳朵图片中识别一个人。该设计创建了一个局部 Gabor Xor 模态来从性状中提取纹理特征,并通过一种改进的区域生长技术来从各个方面获得形状特征。系统的准确率为 97.33%。然而,一些研究已经集中在基于生物行为因素来识别用户上。由于需要由这些系统中的行为特征提供一致可重复的模态,因此特征检测和提取具有一定的挑战性。Panasiuk 等[40]创建了一个系统,该系统使用 K-NN 分类器来区分用户,使用鼠标移动和击键动力学来解决这个问题。该方法实现了 68.8%的准确率。

IrisConvNet 是 Al-Waisy 等[41]提出人识别多模态生物识别系统,该系统采用排名级融合法整合左右虹膜,首先在眼睛图像中识别虹膜区域,随后将该识别区域包含在卷积神经网络模型中,该系统的识别率为 100%。

Ammour 等[42]提出了一种新的基于虹膜和面部特征的多模态生物识别系统的特征提取方法,采用多分辨率 2D Log-Gabor 滤波器,完成了虹膜特征提取。同时,采用正态逆高斯谱分析和奇异谱分析方法提取面部特征,采用模糊 K-NN 进行分类,以及评分融合和决策融合进行特征融合。

Soleymani 等[43]提出了一种多模态人工神经网络,它结合了虹膜、面部和指纹在不同人工神经网络水平上的特征。采用加权特征融合算法和多抽象融合算法作为其融合技术。根据评估结果,使用所有三种生物特征产生了最显著的结果。Ding 等[44]进行了一项实验,使用深度学习算法来创建一个生物识别系统,研究提出了一种用于面部识别的深度学习框架。该框架使用了大量的面部图片,并包括一个三层堆叠自动编码器(stacked auto-encoder,SAE)用于特征级融合和 8 个卷积神经网络用于特征提取。卷积神经网络在 CASIA-Web face 和 LFW 这两个独立的数据集上进行训练后,它们的准确率分别为 99%和 76.53%。

Kim 等[45]提出了一种针对手指形状和手指静脉的深度人工神经网络模态。这些手指照片是用近红外照相机传感器拍摄的。感知器方法、加权和和乘积结合了特征的匹配距离得分。在 Gunasekaran 等[46]的研究中,利用深度学习模板匹配技术构建虹膜、指纹和人脸生物识别系统。采用轮廓线变换和局部导数三元方法进行特征提取,提取的特征采用加权秩级技术进行组合。然而,当缺乏训练数据时,深度人工神经网络模型表现不佳。通过将先前获得的见解从一个起源转移到相关的目标领域,转移学习(transfer learning,TL)经常被用于解决生物特征数据不足的问题[25-28,30]。

文献[47]提出了基于虹膜和眼周区域模态的深度迁移识别算法。采用 VGG 模型及二元粒子群方法进行特征提取,采用匹配评分级和特征级融合技术对两种模态进行融合。Daas 等[48]通过将迁移学习和 Resnet50、VGG16 和 Alexnet[29]等三种卷积神经网络相结合,检索了手指静脉和指关节的纹理特征,这些特征的整合使用建议的融合程序进行分类。Zhu 等[49]开发了一种基于人工神经网络的深度迁移学习方法,用于人员识别框架,该框架从原点领域的工作中获取并传达了关于运动的最佳动态表示的知识。

文献[45-47]中创建了一个结合语音、面部和虹膜识别的系统,克服了个体生物识别的一些固有挑战。此外,由于集成系统的存在,让局外人同时获取多个生物特征是一个挑战。它报告了一种全新的多模态生物识别系统,该系统融合了许多单独的属性进行识别,并解决了单模态系统的问题,同时提高了识别性能。他们创建了一个多模态生物识别系统,在匹配分数水平上结合了语音、面部和虹膜数据,以及各种生物特征提供的信息,旨在解决单峰生物特征系统的缺陷。在这项研究中,科学家们创建了一个结合虹膜、面部和语音识别的系统,以克服个体生物识别的一些固有挑战。此外,由于集成系统的存在,很难有人能够伪造多个生物特征。

本节详细讨论了生物识别系统、生物识别系统的评估参数、需求和多模态生物识别系统的大纲。此外,本节还探讨了机器学习和深度学习在多模态生物识别中的影响[50]。

1.6　生物识别系统

人们可以经常使用密码、个人识别码、智能卡、硬凭证或软凭证等来确认某人的身份。还有一种可以确保个人身份的方法是生物识别认证。生物识别系统的重点是识别人,而不仅仅是对他们进行身份验证以提供系统访问。生物识别技术通过使用身体或行为特征来识别人的身份[51,52]。这些系统主要用于识别、访问控制和人员识别工具。生物识别系统使用依赖于独特的可识别特征的技术来识别和授权人员。DNA 结构识别、人脸检测识别、虹膜模态识别、指纹识别、手部几何图形识别和语音识别都是用于确认个人身份的一些认证技术。传感器、特征提取、匹配和决策模块组成了生物特征识别系统组件中的四大部分[32,33]。物理生物识别技术和行为生物识别技术构成了生物识别系统。以下是用作生物识别系统身份验证参数的数据类型。

1.6.1　物理生物识别

物理生物识别系统允许基于人的身体组成部分的身体特征进行认证和识别,具体如下。

1. 面部识别

一般情况下,也可以通过面部来识别一个人。在这种模态下,特定的装置可以收集有关某人的面部表情和特征信息,并通过将该信息与之前保存的数据进行比较来确定该人[53]。

2. 声音识别

声音识别技术可以通过分析一个人的声音来验证他们的独特性。这个过程非常快速,用户可以在几秒内完成身份验证。

3. 虹膜识别

虹膜识别这种生物特征识别技术是通过眼睛的结构、眼部图片和内部特征来识别一个人的。眼睛的设计与其他人的设计不匹配,就像每个人的指纹可能与另一个人的不匹配一样,这就是为什么虹膜识别技术可以用来识别一个人的原因[54]。

4. 手静脉识别

手静脉识别是一种验证血管图案的方法。该方法是将手(手掌)静脉的图案与存储在数据库中的图案设计通过比较来进行识别。

5. 指纹识别

指纹识别系统记录了在生物识别设备、笔记本电脑和智能手机上用于验证和认证的指纹模态。

6. 手势几何图形识别

手势几何图形是通过扫描用户的手来确定他们的身份的。在这项技术中,通过比较扫描手掌收集的信息与已经存储的信息进行比较来进行个人识别[55]。

7. 双因素身份验证

两步验证是双因素身份验证技术的名称。在这种身份验证方法中,使用了两个组件来确认用户的身份。系统用户可以确定使用这两个组件中的哪一个。在这种认证和身份验证方法中,除密码之外,用户还可以使用不同的元素[56,57]。安全令牌或生物特征组件可以包括第二组件的大部分。用户可以使用手部或指纹扫描、面部扫描和其他生物特征作为除密码之外的第二个因素。

1.6.2　行为生物识别

行为生物识别根据行为模态行为等,如脉冲反应、签名、按键动态、对话(语音模态)、鼠标活动,以及用于验证或识别个人真实性的触摸屏行为模态[58,59]来验证用户。行为生物识别涉及个人习惯和独特的动作。

1. 脉冲反应

脉冲反应生物识别之所以有效,是因为每个人的身体对一只手掌和另一只手掌上的信号脉冲的反应不同。使用原型设置,可以快速和高效地识别用户。

2. 签名

基于个人所执行的签名检测个人行为的方法的原理是,文本中进化出的每一个模态或曲线都代表了一个人的行为。

3. 按键动态

按键动态这种新的、独特的、创新的生物特征识别方法可以根据一个人使用键盘的方式来识别他们。

4. 对话(语音模态)

为了确认身份,可以分析和比较声音的独特模态。

指纹和虹膜等外部生物特征,以及手指和手掌静脉等内在生物特征可以分为两类。虽然外部环境不能影响内在品质,但外在属性是显而易见的,并可能受到它们的影响。

5. 鼠标活动和触摸屏行为

在操作台式机、笔记本电脑和其他设备时,可以通过鼠标活动和触摸屏行为来识别个人。

1.6.3 生物识别系统所使用的评价参数(度量值)

生物识别系统使用多种性能评价指标来评估性能。最常用的绩效评估指标如下。

1. 正确匹配率

正确匹配率(genuine accept rate,GAR)是正确识别为真实的输入样本与所有正输入样本的比例。GAR 值越高,表明系统性能越好。

2. 正确拒绝率

正确拒绝率(genuine reject rate,GRR)是成功标记为冒名顶替者的输入样本与正确标记为冒名顶替者的输入样本的比例。GRR 值越高,表明系统性能越好。

3. 错误匹配率

错误匹配率(false accept rate,FAR)是错误标记为阳性的假输入样本的百分比。FAR = 1-GRR。FAR 数越低,表明系统性能越好。

4. 错误拒绝率

错误拒绝率(false reject rate,FRR)是大量输入样本中被错误标记为伪造品的百分比。FRR =1-GAR。FRR 值越低,表明系统性能越好。

5. 等误差率

当 FRR 和 FAR 具有可比性时,等误差率(equal error rate,ERR)是准确的错误率。ERR 值越低,表明系统性能越好。

6. 未能捕获或未能获取

未能捕获(failure to capture,FTC)或未能获取(failure to acquire,FTA)测量生物识别系统不能识别提供给它的生物识别样本的频率。较低的 FTC 或 FTA 表明获取效率较高。

7. 未能注册

未能注册(failure to enroll,FTE)是指无法成功注册的生物识别系统的用户总数与用户总数之间的比例。FTE 值越低,表明人口覆盖率越好。

1.7　多模态生物识别技术的需求

单模态身份验证需要一个单一的信息源。顾名思义,多模态系统接受来自两个或多个生物特征输入的信息。多模态生物识别系统扩大并区分了从用户收集的用于身份验证的信息类型[12]。缺乏机密性、样本的非通用性、用户使用系统的舒适度和自由度、对存储数据的欺骗攻击等,都是单模态系统当前所面临的挑战。当有多种特征可用时,多模态方法更加可靠[31]。用户的数据通过多模态生物识别系统可以更安全和秘密地存储,因此,融合技术被用于多模态生物识别系统。近十年来,深度学习研究已经在国际上进行了各种应用。新的学习方法主要使用依赖于机器学习的认知应用程序。这将指导行为和生理学的研究人员与科学家在未来的工作中应用新的学习方法。图像处理和计算机视觉是生物识别领域的常用技术[45-47]。基于所采用的模态、融合方案、程序等,生物识别技术存在着各种类别。面部和指纹是认知科学应用中最常研究的生物特征。生物识别也有类似的分类——在多模态下,生物识别拓宽了系统的范围和输入数据的多样性,因此其对于更好的身份验证系统是必要的。多模态生物识别系统可以用来解决以上问题。

1.7.1　多模态生物识别系统的优势

多模态生物识别系统的优势概述如下。

1. 正确性

与单模态生物识别系统相比,多模态生物识别系统几乎从未出现过错误匹配率或错误接受率的情况。生物识别系统的性能指标是错误匹配率和错误接受率,它们描述了系统与数据库中找到的模态不正确匹配或与数据库中包含的现有设计不匹配的实例。由于多模态生物识别系统使用不止一种生物特征,如指纹、手掌静脉模态或虹膜模态来验证个体,因此其准确率很高[3]。

2. 数据降噪

有时,手指错位会影响匹配过程,因此在认证过程中获得的数据可能与注册期间的输入数据不同。多模态生物识别系统可以利用不同的生物特征数据进行验证,以修正噪声数据和类内方差[44]。

3. 普遍性

某些情况下由于身体原因无法出示个人生物识别证书。然而,多模态生物识别系统可以接受任何额外的生物识别认证凭证。

4. 增强了安全性和身份识别能力

多模态生物识别系统能够在更显著的阈值下识别个体。即使其中一个系统 ID 不能匹配特定的行为或生理属性,它仍然可以使用剩余的特征来识别这个人。

1.7.2　多模态生物识别系统概述

图 1.4 描述了多种生物识别特征,主要是指纹、虹膜图像和语音,以设计用于认证个人的多模态生物识别系统。该系统对每个生物特征进行记录和处理,以提取不同模态的特征。最终,将其组合起来,得到一个更准确的身份验证结果。

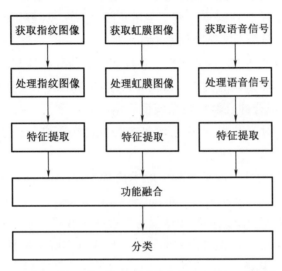

图 1.4　使用指纹、虹膜图像和语音的多模态生物识别系统框图[44]

由于个人身份识别和验证的自动化,生物识别技术现在被应用于许多应用程序中,包括教育部门、家庭安全系统、法律应用程序、银行系统、机场登机、个人身份证明、考勤和时间跟踪、政府应用和商业应用等。

1.8　生物识别系统使用的数据库

在日益数字化的时代,个人身份识别是一项重要的人机界面活动。生物识别方法,如数字印记或人脸/语音探头,正迅速在生产制造、行政管理和个人生活中获得认可。尽管数据库的发展速度很快,系统开发以前人们关注的是数据库精度,而不是大型数据库应用程序的计数和速度问题[51]。除准确性之外,这些应用程序还使用了增加的响应时间、高质量的搜索和恢复。传统的数据库按字母顺序或数字顺序对记录进行分类,以确保其能够高效恢复。生物特征模板中没有任何自然的顺序可以证明分类是合理的。研究人员提出了组分类和限制方法,该方法在建立详尽的对应关系之前使用设计模板的通用指南,来指导生物特征数据库中的搜索。可以使用几种生物特征:例如,可以使用单个生物特征,如能用面部来识别初步的虚拟对应关系,然后使用更精确的生物特征,最后用数字印记来进行识别。活跃的数据库已经证明了对特定事件自动反应的潜力。数据集分为三个部分:训练、验证和测试[52]。使用验证数据集调整学习模型的参数、特征和其他选择。测试数据集用于评估模型的性能。为了进行真实的模型学习和精确的预测,应该明智地进行数据分布。根据数据集的大小,它可以遵循 80/20、70/30 和 60/20/20 的模态。

1.8.1 混淆矩阵

模型训练之后需要对模型的效能进行评估和测试。可以用混淆矩阵来测量模型的效能。模型有望与预测的结果一起表现得更好。在这个矩阵中,混淆矩阵是必不可少的。英国统计学家卡尔·皮尔森于 1904 年创建了混淆矩阵,它是一种方便的工具,用来显示分类器所识别的类以及评估分类器在分类问题上的表现。

混淆矩阵显示了分类器执行的有效性。它将实际值与分类器预测值进行比较,并提供更多关于分类器的错误和错误的类别。混淆矩阵中的 X 轴表示期望值,Y 轴表示实际值。非对角线值是错误的(混合的)预测,对角线值表示准确的预测。对角线上的数字越大,则该模型的性能就越好。对于 N 类,可以采用 N X N 混淆矩阵进行评估。这里,使用两种类型的例子将其描述为二元分类问题。

A 类为阳性,B 类为阴性。混淆矩阵中的术语真阳性(true positive,TP)、假阳性(false positive,FP)、假阴性(false negative,FN)和真阴性(true negative,TN)具有特殊的含义。如图 1.5 所示,TP 表示实际值为阳性,同时预测值为阳性;FN 表示实际值为阳性,但它被认为是阴性的;FP 表示实际值为阴性,但被预测为阳性;TN 表示实际值和预测值均为阴性。利用混淆矩阵产生的准确率、精确率、召回率和 F1 分数来评估分类器的性能。具体定义如下。

实际值	预测值		
	类	A(阳性)	B(阴性)
	A(阳性)	TP(TP_A)	FN(E_{BA})
	B(阴性)	FP(E_{BA})	TN(TP_B)

图 1.5　2×2 混淆矩阵

1. 准确率

准确率为分类器表现的准确性,它描述了实际值和预测值的接近性或关联性,为分类模型所有判断正确的结果占总观测值得比重。计算公式为

$$准确度 = \frac{TP+TN}{TP+TN+FP+FN} \tag{1.1}$$

2. 精确率

分类器模型可以识别相关的阳性类。它描述了在模型预测为阳性的所有结果中,模型预测正确的比重。计算公式为

$$精确度 = \frac{TP}{TP+FP} \tag{1.2}$$

3. 召回率

召回率给出了在真实值为阳性的所有结果中,模型预测正确的比重,也被称为灵敏度

或真阳性率。计算公式为

$$召回率 = \frac{TP}{TP + FN} \qquad (1.3)$$

4. F1 分数

F1 分数是精密度和召回率的结合,计算公式为

$$F1\ 分数 = 2 \times \frac{召回率 \times 精确度}{召回率 + 精确度} \qquad (1.4)$$

1.9　深度学习在当前场景下的影响

深度学习算法与当今时代各个领域的应用程序开发息息相关。深度学习的应用情况如图 1.6 所示。

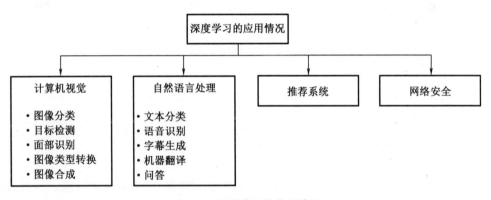

图 1.6　深度学习的应用情况

1.9.1　计算机视觉

人工智能和机器学习的分支被称为计算机视觉,主要赋予计算机视觉能力(computer vision,CV)。利用计算机视觉,人们可以理解数字照片的内容。深度学习解决了各种计算机视觉问题,包括图像分类、目标检测、面部识别、图像类型转换和图像合成[25-28,30]。

1. 图像分类

图像分类是给图像中的一组像素加标签。在一些应用中常用的两种图像分类技术是二元分类和多元分类。二元分类将所提供的组件集合按照类型原则分成两类。二元分类的一个著名例子是确定一个给定的图像是猫还是狗的问题。典型的多元分类的有监督机器学习任务是将所提供的对象集分为两类以上。多元分类是在摄影中为花冠命名时出现的一个难题。可以采用卷积神经网络方法解决图像分类问题。

2. 目标检测

目标检测这种方法主要集中于定位静止图像或电影中的物体,该技术为已知图像集提供位置数据。目标检测模型的训练方式将使其能够在给定一个特定的输入图像时识别各

种对象类别。被定位和识别的图像中的每个对象都有一个分配给它的精度值。目标识别方法包括 CNN、Fast RCNN、Faster RCNN 和基于区域的 CNN(reqion-based CNN,RCNN)。

3. 面部识别

面部识别是指给定一个或多个人的照片,系统据此验证图像中的人的身份,或者根据他们的面部识别概念中的人。

4. 图像类型转换

内容参考图像和类型参考图像是将两种类型的照片组合起来来创建一个类型图像。可以利用卷积神经网络来进行图像类型转换。

5. 图像合成

使用计算机算法主要是指创建逼真视觉效果的过程。图像合成有多种用途,包括绘画中的图像、纹理合成、图像超分辨率和人脸图像合成。一个小的数字图像可以使用纹理合成来创建一个巨大的数字图像。将低分辨率图像转换为高分辨率图像称为图像超分辨率。重建图像中缺失的部分是通过绘画中的图像来完成的。用这种方法可以修复古画的损坏部分。人脸图像合成用于创建逼真的人脸图像,利用该方法,可以获得高质量的感知人脸图像。利用生成对抗网络(generative adversrial network,GAN)可以进行图像合成。

1.9.2　自然语言处理

自然语言处理(natural language processing,NLP)允许计算机操作、解释和理解人类语言。它是口语交流和计算机理解之间的纽带。深度学习解决了自然语言处理的问题,包括文本分类、声音识别、字幕生成、机器翻译和问答。

1. 文本分类

自然语言文档具有相关类别的标签。使用文本分类器,文本被自动分析。情绪分析、主题识别和语言识别是自动文本分类中最常见的三种应用。情绪分析检查了所选文本背后的情感(积极、消极和中性)。主题检测技术用于理解和组织大量的文本数据集。语言检测技术用于识别各种语言及其变体。

2. 语音识别

语音识别将口语转化为书面语言,并处理口语。语音识别软件经常使用自然语言处理和深度学习来提取语音的组成部分。收集到的基于语音的元素被准确地翻译成文本。该语音识别软件对语音识别性能的测量包括准确性和速度,使用一组已识别的语音单词进行训练。

3. 字幕生成

字幕生成方法是基于图像信息自动创建自然语言描述。为了解决字幕生成的问题,自然语言处理和计算机视觉能力是耦合的。深度学习技术,如卷积神经网络和长短期记忆(long short-term memory,LSTM),创建了一个图像字幕系统。利用一种独特类型的人工循环神经网络(recuirent neural network,RNN),长短期记忆从卷积神经网络获得的图像属性中开发图像字幕。

4.机器翻译

机器翻译是将事物从原始语言翻译成目标语言之一,它是一个完全自动化的软件,可以帮助人们将语音和文本翻译成另一种语言。通用机器翻译、可配置机器翻译和自适应机器翻译是三种类型的机器翻译系统。通用机器翻译系统可被数百万个人用于各种应用程序,而不局限于单个领域。这些系统已经使用多种类型的数据进行了训练。通用机器翻译系统中最著名的例子是微软翻译器和谷歌翻译。在特定领域,他们提供了高质量的翻译。自适应机器翻译的一个例子是世界知识产权组织的翻译,其在本质上是实时的,并且在校正时进行修正。机器翻译是使用循环神经网络和递归自动编码器(auto-encoders,RAE)等神经网络来实现的。与其他神经网络相比,这些网络提供了更显著的结果。

5.问答

问答是一个自然语言处理和信息检索系统,可以自动响应用户在该语言中提出的查询要求。封闭域和开放域问答系统是两种不同的类别。开放域问答系统响应来自任何字段的查询,而封闭域问答系统只处理来自单个域的查询。Cortana、Alexa、Siri 和谷歌助手都是著名的问答程序。

1.9.3 推荐系统

推荐系统的主要应用是预测客户的偏好,并根据数据分析提出产品推荐。推荐系统根据用户过去的选择提供适当的建议,包括 Youtube、Netflix、亚马逊和 Spotify。深度学习技术,如深度协同过滤模型(deep collaborative filtering model,DCFM)、卷积神经网络、自动编码器(auto encoders,AE)和循环神经网络,可以解决推荐系统的问题。这些方法可以用于开发针对社交网络、教育资源、娱乐和基于会话的建议的推荐系统。

1.9.4 网络安全

网络安全的核心重点是抵御和恢复对系统、网络和程序的网络攻击。智能入侵检测(intrusion detection,ID)和入侵预防(instrusion prevention,IP)系统,可以使用卷积神经网络和循环神经网络来帮助安全团队识别网络上的恶意行为。深度学习算法可以有效地用于对抗更复杂的网络威胁。深度神经网络(deep neural networks,DNN)可以用来更准确地识别垃圾邮件。

1.10 结 论

多模态生物识别系统集成了多个生物特征数据识别结果,以提高认证系统的实现率,降低错误接受率,并防止未经授权的用户进行认证。这些系统使用一个人的各种生理或行为特征来进行登记、验证或识别。多模态生物识别系统的应用,包括电子商务、智能卡、护照、签证等。一个人的指纹和虹膜结合在一起可以自动识别一个人。对于人的身份验证,多模态生物识别系统利用人的声音、指纹和虹膜图像的多种生物特征来加强安全性。生物特征识别技术的核心概念使用了前沿技术,包括机器学习、计算机视觉、目标检测和识别、图像分析模态识别和卷积神经网络。机器学习和深度学习算法应用于网络世界的各个方面。本章详细介绍了机器学习和深度学习技术的各个方面,特别是多模态生物识别技术。

参 考 文 献①

[1] Sharma, D. Y. K. and Pradeep, S., Deep learning based real-time object recognition for security in air defense. *Proceedings of the 13th INDIACom*, pp. 64-67, 2019.

[2] Rokade, M. D. and Sharma, Y. K., MLIDS: A machine learning approach for intrusion detection for real-time network dataset, in: *2021 International Conference on Emerging Smart Computing and Informatics* (*ESCI*), IEEE, pp. 533-536, 2021, March.

[3] Uddin, A. H., Bapery, D., Arif, A. S. M., Depression analysis from social media data in bangla language using long short term memory (LSTM) recur rent neural network technique, in: *International Conference on Computer, Communication, Chemical, Materials and Electronic Engineering* (*IC4ME2*), 2019.

[4] Balakrishnan, S., Aravind, K., Ratnakumar, A. J., A novel approach for tumor image set classification based on multi-manifold deep metric learning. *Int. J. Pure Appl. Math.*, 119, 10c, 553-562, 2018.

[5] Balaji, B. S., Balakrishnan, S., Venkatachalam, K. et al., Automated query classification based web service similarity technique using machine learning. *J. Ambient Intell. Hum. Comput.*, 12, 6169-61. 80, 2020. https://doi.org/10. 1007/s12652-020-02186-6.

[6] Balakrishnan, S. and Deva, D., *Machine intelligence challenges in military robotic control*, vol. 41, pp. 35-36, CSI Communications Magazine, CSI Publication, Chennai, India, January 2018.

[7] JebarajRathnakumar, A. and Balakrishnan, S., Machine learning based grape leaf disease detection. *Journal of Advanced Research in Dynamical and Control Systems* (*JARDCS*), 10, 08-Special issue, 775-780, 2018.

[8] Prabha, D., Siva Subramanian, R., Balakrishnan, S., Karpagam, M., Performance evaluation of naive bayes classifier with and without filter based feature selection. *International Journal of Innovative Technology and Exploring Engineering* (*IJITEE*), 8, 10, 2154-2158, August 2019.

[9] Winston Paul, D., Balakrishnan, S., Velusamy, A., Rule based hybrid weighted fuzzy classifier for tumor data. *Int. J. Eng. Technol.* (*UAE*), 7, 4. 19, 104-108, 2018, https://doi. org/10. 14419/ijet. v7i4. 19.

---

① 为了便于阅读与参考,在翻译过程中本书参考文献部分均与原著保持一致。——译者注

［10］ Vasu, S., Puneeth Kumar, A. K., Sujeeth, T., Dr S. Balakrishnan, A., Machine learning based approach for computer security. Journal of Advanced Research in Dynamical and Control Systems (JARDCS), 10, 11-Special issue, 915-919, 2018.

［11］ Rani, S., Lakhwani, K., Kumar, S., Construction and reconstruction of 3d facial and wireframe model using syntactic pattern recognition, in: *Cognitive Behavior & Human Computer Interaction*, pp. 137-156, Scrivener & Wiley Publishing House, Beverly, Mass. United States, 2021.

［12］ Rani, S., Ghai, D., Kumar, S., Kantipudi, M. V. V., Alharbi, A. H., Ullah, M. A., Efficient 3D AlexNet architecture for object recognition using syntactic pat- terns from medical images. *Comput. Intell. Neurosci.*, 2022, 1-19, 2022.

［13］ Rani, S., Ghai, D., Kumar, S., Reconstruction of simple and complex three dimensional images using pattern recognition algorithm. *Journal of Information Technology and Management* (*JITM*), 14, 235-247, 2022.

［14］ Fogelman Soulie, F., Gallinari, P., Lecun, Y., Thiria, S., Generalization using back-propagation, in: *Proceedings of the First International Conference on Neural Networks*, IEEE, San Diego, California, 1987 June, 1987.

［15］ Gaetano, L., Are neural networks imitations of mind? *J. Comput. Sci. Syst. Biol.*, 8, pp. 124-126, 2015. 10. 4172/jcsb. 1000179.

［16］ Deng, J., Dong, W., Socher, R., Li, L. -J., Li, K., Fei-Fei, L., Imagenet: A large-scale hierarchical image database. *2009 IEEE Conference on Computer Vision and Pattern Recognition*, pp. 248-255, 2009.

［17］ Caruana, R., Silver, D. L., Baxter, J., Mitchell, T. M., Pratt, L. Y., Thrun, S., Knowledge consolidation and transfer in inductive systems, in: *Learning to Learn*, Springer New York, NY, 1995 December.

［18］ Sharma, Y. K., Yadav, R. N. B. V., Anjaiah, P., The comparative analysis of open stack with cloud stack for infrastructure as a service. *Int. J. Adv. Sci Technol.*, 28, 16, 164-174, 21 Nov. 2019.

［19］ Pan, S. J. and Yang, Q., A survey on transfer learning. *IEEE Trans. Knowl. Data Eng.*, 22, 10, 1345-1359, 2010.

［20］ Sarkar, D., Bali, R., Ghosh, T., *Hands-on transfer learning with python: Implement advanced deep learning and neural network models using TensorFlow and Keras*, Packt Publishing, Mumbai, Maharashtra, India, 2018.

［21］ Sharma, Y. K. and Khan, V., A research on automatic handwritten devnagari text generation in different styles using recurrent neural network (deep learning) especially for marathi script. *International Journal of Recent Technology and Engineering* (*IJRTE*), 8, 2S11, 938-942, September 2019.

［22］ Jadhav, M., Sharma, Y., Bhandari, G., Forged multinational currency recognition system using convolutional neural network, in: *Proceedings of 6th International Conference on Recent Trends in Computing*, Springer, Singapore, pp. 471-479, 2021.

[23] Sharma, Y. K. and Pradeeep, S., Performance escalation and optimization of overheads in the advanced underwater sensor networks with the internet of things. *International Journal of Innovative Technology and Exploring Engineering* (*IJITEE*), 08, 11, 2299-2302, 2019. https://doi. org/10. 35940/iji-tee. k2073. 0981119.

[24] Pradeep, S., Sharma, Y. K., Verma, C., Dalal, S., Prasad, C., Energy efficient routing protocol in novel schemes for performance evaluation. *Appl. Syst. Innov.*, 5, 5, 101, 2022. (MDPI).

[25] Patil, S., Sharma, Y. K., Patil, R., Implications of deep learning-based methods for face recognition in online examination system. *International Journal of Recent Technology and Engineering* (*IJRTE*), 8, 3, 14-27, 2019.

[26] Kumar, S., Jain, A., Agarwal, A. K., Rani, S., Ghimire, A., Object-based image retrieval using the u-net-based neural network. Comput. *Intell. Neurosci.*, 1-14, 2021. https://doi. org/10. 1155/2021/4395646

[27] Kumar, S., Haq, M. A., Jain, A., Jason, C. A., Moparthi, N. R., Mittal, N., Alzamil, Z. S., Multilayer Neural Network Based Speech Emotion Recognition for Smart Assistance. *CMC-Comput. Mater. Contin.*, 74, 1, 1-18, 2022. Tech Science Press.

[28] Abhishek, and Singh, S., Visualization and modeling of high dimensional cancerous gene expression dataset. *J. Inf. Knowl. Manag.*, 18, 01, 1950001-22, 2019. World Scientific.

[29] Shivthare, S., Sharma, Y. K., Patil, R. D., To enhance the impact of deep learning-based algorithms in determining the behavior of an individual based on communication on social media. *International Journal of Innovative Technology and Exploring Engineering* (*IJITEE*), 8, 12, 4433-4435, October 2019.

[30] Tidake, A. H., Sharma, Y., Deshpande, V. S., Design and implement forecast remedy techniques to maximize the yield of farming using deep learning, in: *2020 International Conference on Industry 4. 0 Technology* (*I4Tech*), IEEE, pp. 80-84, 2020, February.

[31] Ren, C. -X., Dai, D. -Q., Huang, K. -K., Lai, Z. -R., Transfer learning of structured representation for face recognition. *IEEE Trans. Image Process.*, 23, 12, 5440-5454, December 2014.

[32] Vino, T., Sivaraju, S. S., Krishna, R. V. V., Karthikeyan, T., Sharma, Y. K., Venkatesan, K. G. S., Manikandan, G., Selvameena, R., Markos, M., Multicluster analysis and design of hybrid wireless sensor networks using solar energy. *Int. J. Photoenergy*, 2022, 1-8, 2022. Hindawi.

[33] Shao, L., Zhu, F., Li, X., Transfer learning for visual categorization: A survey. *IEEE Trans. Neural Networks Learn. Syst.*, 26, 1019-1034, 2015.

［34］ Sharma, Y. K., Web page classification on news feeds using hybrid technique for extraction, in: *Information& Communication Technology for Intelligent System.*

［35］ Rezende, E., Ruppert, G., Carvalho, T., Ramos, F., de Geus, P., Malicious software classification using transfer learning of resnet50 deep neural network. *16th IEEE International Conference on Machine Learning and Applications*, 2017.

［36］ Luttrell, J., Zhou, Z., Zhang, C., Gong, P., Zhang, Y., Facial recognition via transfer learning: Fine-tuning keras_vggface. *International Conference on Computational Science and Computational Intelligence*, pp. 576-579, 2017.

［37］ Sharma, Y. K. and Ranjeet, K., A review on different prediction techniques for stock market price. *Int. J. Control Autom.*, 13, 1, 353-364, 2020. Science and Engineering Research Support Society.

［38］ Alay, N. and Al-Baity, H. H., Deep learning approach for multimodal biometric recognition system based on fusion of iris, face, and finger vein traits. *Sensors*, 20, 19, 1-17,5523,2020. https://doi. org/10. 3390/s20195523

［39］ Chanukya, P. S. V. V. N. and Thivakaran, T. K., Multimodal biometric crypto-system for human authentication using fingerprint and ear. *Multimed. Tools Appl.*, 79, 659 - 673,2020.

［40］ Panasiuk, P., Szymkowski, M., Marcin, D. A., Multimodal biometric user identification system based on keystroke dynamics and mouse movements, in: *Proceedings of the 15th IFIP TC 8 International Conference on Computer Information Systems and Industrial Management*, pp. 672-681,Vilnius,Lithuania,14-16 September 2016.

［41］ Al-Waisy, A. S., Qahwaji, R., Ipson, S., Al-Fahdawi, S., Nagem, T. A. M. A., multi-biometric iris recognition system based on a deep learning approach. *Pattern Anal. Appl.*, 21, 783-802, 2018.

［42］ Ammour, B., Boubchir, L., Bouden, T., Ramdani, M., Face-Iris multimodal biometric identification system. *Electronics*, 9, 85, 2020.

［43］ Soleymani, S., Dabouei, A., Kazemi, H., Dawson, J., Nasrabadi, N. M., Multi level feature abstraction from convolutional neural networks for multi modal biometric identification, in: *Proceedings of the 2018 24th International Conference on Pattern Recognition*, pp. 3469-3476, 20-24 August 2018.

［44］ Ding, C., Member, S., Tao, D., Robust, face recognition via multimodal deep face representation. *IEEE Trans. Multimed.*, 17, 2049-2058, 2015.

［45］ Kim, W., Song, J. M., Park, K. R., Multimodal biometric recognition based on the convolutional neural network by fusing finger-vein and finger shape using a near-infrared (NIR) camera sensor. *Sensors*, 18, 2296, 2018.

［46］ Gunasekaran, K., Raja, J., Pitchai, R., Deep multimodal biometric recognition using contourlet derivative weighted rank fusion with a human face, finger print, and iris images. *Autom. CasopisZaAutom. Mjer. Elektron. Računarstvo I Komuň.*, 60, 253 – 265, 2019.

[47] Silva, P. H., Luz, E., Zanlorensi, L. A., Menotti, D., Moreira, G., Multimodal feature level fusion based on particle swarm optimization with deep trans fer learning, in: *Proceedings of the 2018 IEEE Congress on Evolutionary Computation (CEC)*, Rio de Janeiro, Brazil, pp. 1–8, 8–13 July 2018.

[48] Daas, S., Yahi, A., Bakir, T., Sedhane, M., Boughazi, M., Bourennane, E. -B., Multimodal biometric recognition systems using deep Learning based on the finger vein and finger knuckle print fusion. *IET Image Process*, 14, 3859-3868, 2020.

[49] Zhu, H., Samtani, S., Chen, H., Nunamaker Jr, J. F., Human identification for activities of daily living: A deep transfer learning approach. *J. Manag. Inf. Syst.*, 37, 457–483, 2020.

[50] El_Tokhy, M. S., Robust multimodal biometric authentication algorithms using the fusion of fingerprint, iris, and voice features. *J. Intell. Fuzzy Syst.*, 40, 1, 647–672, 2021.

[51] Tolba, A. S. and Rezq, A. A., Combined classifier for invariant face recogni tion. *Pattern Anal. Appl.*, 3, 4, 289–302, 2000.

[52] Prasanna, D. L. and Tripathi, S. L., Machine learning classifiers for speech detection, in: *2022 IEEE VLSI Device Circuit and System (VLSI DCS)*, pp. 143–147, Kolkata, India, 2022.

[53] Thillaiarasu, N., LataTripathi, S., Dhinakaran, V. (Eds.), *Artificial Intelligence for Internet of Things: Design Principle, Modernization, and Techniques*, 1st ed, CRC Press, Boca Raton, Florida, United States, 2022, https://doi. org/10. 1201/9781003335801.

[54] Sandeep, K., Rani, S., Jain, A., Verma, C., Raboaca, M. S., Illés, Z., Neagu, B. C., Face spoofing, age, gender and facial expression recognition using advance neural network architecture-based biometric system. *Sen. J.*, 22, 14, 5160–5184, 2022.

[55] Abhishek, and Singh, S., Gene selection using high dimensional gene expres sion data: An appraisal. *Curr. Bioinform.*, 13, 3, 225–233, 2018. Bentham Science.

[56] Rani, S., Gowroju, Sandeep, K., IRIS based recognition and spoofing attacks: A review, in: *10th IEEE International Conference on System Modeling & Advancement in Research Trends (SMART)*, December 10–11, 2021.

[57] Swathi, A., Sandeep, K., V. S., T., Rani, S., Jain, A., Ramakrishna, K. M. V. N. M, Emotion classification using feature extraction of facial expressiona, in: *The International Conference on Technological Advancements in Computational Sciences (ICTACS - 2022)*, Tashkent City Uzbekistan, pp. 1–6, 2022.

[58] Bhaiyan, A. J. G., Shukla, R. K., Sengar, A. S., Gupta, A., Jain, A., Kumar, A., Vishnoi, N. K., Face recognition using convolutional neural network in machine

learning, in：*2021 10th International Conference on System Modeling & Advancement in Research Trends* (*SMART*)，IEEE，pp. 456-461，2021，December.

［59］ Bhaiyan, A. J. G. , Jain, A. , Gupta, A. , Sengar, A. S. , Shukla, R. K. , Jain, A. , Application of deep learning for image sequence classification，in：*2021 10th International Conference on System Modeling & Advancement in Research Trends* (*SMART*)，IEEE，pp. 280-284，2021，December.

第 2 章　基于模糊逻辑提供服务质量的疫苗插槽跟踪模型

Mohammad Faiz，Nausheen Fatima，Ramandeep Sandhu[*]

摘要

近年来,我们看到了新型冠状病毒病肺炎(Corona Vinus Disease,COVID)的爆发,在这种情况下疫苗接种已被证明治疗相当有效。但在像印度这样的国家,为大量人口接种疫苗是一个很大的难题,人们要等好几个小时才能接种上疫苗。然而因为没有关于疫苗接种地点和开放的信息,大多数人仍然需要帮助才能获得疫苗接种。针对这一问题,我们提出了一种疫苗接种跟踪模型,为用户提供了疫苗接种开放和定位的即时信息,使疫苗接种工作变得更加容易。该模型基于面向对象、数据库和网络技术,使用模糊逻辑,通过三个输入参数获得疫苗接种槽的可用性,分别是:年龄、疫苗槽的可用性和疫苗接种状态。该模型是一种基于 Web 的应用程序,用户可以通过服务器访问。利用模糊技术根据注册用户的可能性给予优先级,根据用户的偏好,分为很低、低、中、高、很高几个级别,根据注册时用户提供的信息,用户将被告知有多少插槽可用和可预订,并在成功接种第一剂疫苗后开始倒计时。仿真结果表明了该模型的有效性。

关键词:疫苗接种;COVID-19 病毒病;医疗保健;模糊逻辑;经济;在全国(或世界)流行的(疾病);服务质量

2.1　引　　言

SARS 病毒 2 号(SARS-COV-2)是一种可导致冠状病毒疾病(COVID-19)的新型冠状病毒。近年来,它造成了一场空前的医疗保健灾难。由于病例的显著增加,它被宣布为大流行性疾病。自第一例病例出现以来,包括美国在内的世界各地已确认了 400 万例感染病例,以及 30 多万份死亡报告。COVID-19 有很高的潜在威胁,人们需要对其行为模态有进一步的了解,以解决这一公共卫生紧急事件。世界各地的企业、政府和私营机构正在共同努力,寻找预防 COVID-19 在全球传播的可行解决方案。在这种情况下使用数字技术至关重要,

---

* 通讯作者,邮箱:ramandeep. 28362@ lpu. co。

计算机科学与工程系,印度拉夫里科技大学,帕格瓦拉,贾朗达尔市,印度。

因为数字技术是改善人口健康状况和向他们提供基本服务的重要工具。世界卫生组织（World Health Organization，WHO）发布了 10 项通过数字技术改善卫生保健质量和基本服务的支持。此外，根据 2018 年发布的"2019 年的移动状态"报告，2018 年全世界已经下载了价值 194 万亿美元的应用程序[1]。因此，世界上大多数人都可以轻松地访问和使用应用程序，这使得这些应用程序非常受欢迎。为抗击 COVID-19 大流行性疾病而开发的所有应用程序的全面目录尚未建立，在这种特定的历史情况下，必须了解 COVID-19 相关软件的广度和深度。

在疫苗接种的过程中，数字化起到了至关重要的作用，并保持了必要的预防措施。目前存在的问题是：接种疫苗意味着什么，为什么它是强制性的，或者疫苗是如何为人体实现保护的？接种疫苗可以增强人体的免疫力，从而保护人们免受疾病的侵袭。现在，在数字化软件开发与应用领域，美国政府机构在疾病流行期间开发了一半以上的应用程序。这些应用程序可以远程提供关于感染、健康和死亡病人数量的信息，记录和跟踪病人的接触情况，易于公众访问、使用公开的人工智能应用程序能够识别新的 COVID-19 传播焦点，分析传播的比例，追踪可能的症状，大致描述阳性病例情况。管理和监测疫苗储备、后勤和公平分配都是疫苗接种的必要环节。免疫接种为人们提供有关于疫苗分发的持续可见性和可操作的数据，观察它并确保它是合理和平等的。免疫接种允许人们安排疫苗接种预约，并跟踪正在分发的疫苗[2]。即使在当前的全球疫情期间，许多政府也决定使用应用程序，以帮助减缓 COVID-19 病毒的迅速传播，应用程序在这方面发挥了重要且可观的作用。

2.2　研究现状

在 Akshita 等[3]的研究中，作者对所有与 COVID-19 相关的智能手机应用程序进行了一项横断面、描述性、观察性的研究。2020 年 4 月 27 日至 5 月 2 日，研究人员在应用商店（iOS）和谷歌 Play 商店（安卓）中搜索关于 COVID-19 的应用程序。调查结果显示，研究人员在所探索的平台上发现了 114 个应用程序。114 台中有 62 台（54.4%）安卓设备，52 台（45.6%）台 iOS 设备。114 个应用程序中，有 3/4 是由欧洲开发的，28%是由亚洲设计的，26%是由北美生产的。使用最多的语种是英语（65/114 或 57.0%）、西班牙语（34/114 或 29.8%）和汉语（14/114 或 12.3%）。最受欢迎的类别是身心健康应用程序（41/114，41.2%）和医药应用程序（43/114，37.7%）。114 个应用程序中有 113 个（99.1%）免费应用程序。从分析日期到最近一次更新之间的平均时间为 11.1 天（SD，11.0 天）。在 114 个应用程序中，共有 95 个（83.3%）、9 个（7.5%）和 3 个（2.6%）是由普通公众、卫生专业人员或两者兼之的人员设计的。114 个应用程序中有 64 个（56.1%）是由政府开发的，其中 42 个（64.1%）是由国家政府开发的，地方政府开发比例占 23%（35.3%）。政府开发的应用程序中除了一个程序外，其余的下载量都超过 10 万次（$P=0.13$），而世界卫生组织的应用程序的下载量超过 50 万次（$P=0.13$）。应用程序最常见的用途是获取 COVID-19 一般信息和COVID-19 新闻（51.0%），记录 COVID-19 症状（51.0%），发现 COVID-19 接触者（47.7%）。

他们的论文对目前可用的 COVID-19 应用程序进行了全面和独一无二的综述。

在 Mehta 等[4]的研究中，作者提到了印度政府卫生和家庭福利部国家卫生局(National Health Authority,NHA)首席执行官 R. S. Sharma 的宝贵见解,印度政府的卫生和家庭福利部认为,尽管人们对数字鸿沟感到严重担忧,但当前的危机局势为政府当局依赖数字基础设施提供了充分的理由。前两种解决方案,也是指导他们工作的两个主要目标:第一个目标是构建 CoWIN 平台——在整个政府政策规定下最终运行的技术后备力量;第二个目标是确保 CoWIN 平台的框架——一个是技术骨干尽可能安全,另一个是专注于使系统持续以公民为中心。因此,该框架一直在处理第三方需求,并确保人们能够在提供单一接触点的同时访问改进的用户界面。第三种解决方案是通过已经存在的数字工具推广一键疫苗接种的想法。第四种解决方案建议使用 CoWIN,允许企业组织健康评估和免疫运动,从而努力将疫苗接种过程纳入其企业社会责任中。最后的建议提出了建立"疫苗勇士"的理由,办法是利用财物奖励鼓励他们参与。

Nath 等[5]在他们的一项研究中解释了由印度政府推出的 CoWIN 应用程序的工作原理和功能。不同的国家已经开发出了各不相同的疫苗株,印度政府已经批准了两种单克隆抗体,其中一个是由牛津大学生产的 CoviShield,另一个是由印度制药公司巴拉特的生物技术公司生产的 Covaxin。为了监督和规范疫苗接种,印度政府开发了一份名为 CoWIN 的应用程序,但这种应用程序的缺点和优点尚不明确。他们的文章可以作为对该应用程序的优劣势及其机会和威胁的概述来总结,这可以通过 SWOT(strengths、weaknesses、opportuarties、threats,优势、劣势、机会和威胁)分析来确定。

Gupta 等[6]分析了过去三个核心医疗工作者免疫的初始阶段。2019 年 3 月,重点关注 60 岁以上和 45~60 岁患有并存疾病的人群。通过 AarogyaSetu 手机应用程序或 CoWIN 网站自我注册。结果显示,4 月份的疫苗接种仅限于 45 岁以上的人。18 岁以上人群的疫苗接种定于同年 5 月开始接种。然而,这与技术的进步一样,仍存在一些需要被不断解决的小故障,门户有时可能没有响应,从而阻碍了驱动的进程,因此必须克服 Web 服务的不稳定性并增加基础设施的存储,以有效地提高技术的进步。此外,在时间点上,官方网站有跨平台导航的问题,使得导航具备挑战性。因此,这使得在智能手机上使用该软件应用程序的效率很低,同时由于台式电脑或笔记本电脑使用的缺乏,使得登录疫苗接种网址变得更加困难。

Chopra 等[7]在其研究中解释了他们的分析,通过大量的报告已经证明了疫情是如何影响经济的,以及经济体系在新型冠状病毒肺炎危机期间受到严重影响的现实,当时有封锁演习,所有商业活动都停止了,形势非常危急,每个人都惊慌失措。在这个人们需要准确信息的关键时刻,智能手机和平板电脑等智能设备在提高人们的认知方面起到了关键作用。通过数据科学来分析 COVID-19 对经济起到是积极还是消极的影响,结果显示多数为消极的影响。CoWIN 和 AarogyaSetu 这两个智能手机应用程序在管理数百万疫苗接种驱动器的数据方面效果显著。而数学科学这项技术具有广泛的应用,我们用科学数据来分析 COVID-19 对经济的影响。为了调查 COVID-19 的影响区域,可以利用大数据来确定哪些年龄段的公民受到的不利影响最大,以便采取适当的措施。经济的复苏需要时间,但从另一个积极的角度上讲,印度作为一个发展中国家,有义务积极地协助其他国家开展相关举措。

在 Karopoulos 等[8]的研究中,作为个人接种 COVID-19 疫苗、COVID-19 检测阴性或

COVID-19 治愈的良好证据,数字 COVID-19 证书有助于促进疫情期间的医疗保健、职业、教育和旅游相关活动的开展。文章通过这一生态系统的回顾,为我们对当前技术发展的状况提供了最新的认知。正在进行的全球疫苗接种活动中,COVID-19 证书旨在减轻国内和国际旅行限制,包括入境禁令、检疫要求和检测。调查显示相关的论文提到了类似的建议。由于特定的认证方案通常伴随着移动应用程序,使证书持有者更容易存储、更新和验证他们的证书,研究人员还会检测官方安卓应用程序中任何危及用户隐私的因素。现有一半以上的方案都考虑了至少两种不同类型的证书,其中最被广泛接受的证书是免疫证书,其次是疫苗接种证书。不足的方面是,少数考虑了证书的可自由拓展性问题,这是现实世界部署需要考虑的关键问题。54 个国家(其中 7 个来自美国,15 个来自亚洲,3 个来自欧洲,3 个来自非洲/大洋洲)已经建立了自己的国家官方 COVID-19 质量保证体系,有 36 个国家的智能手机应用程序得到了认可;其中一些计划与更全面的措施协同工作(如 EUDCC),而另一些则是独立的举措。有大量的基于 Android 和 iOS 平台的移动应用程序,可支持三种类型的所有证明,即疫苗接种、诊断程序和免疫力。但是,它们之中只有 4 个应用程序是开源的。

Karandikar 等[9]在其研究中阐述了整体情况:到目前(2022 年)为止,全球 550 万人报告的死亡人数与 2019 年新型冠状病毒肺炎有关,其中印度占所有报告死亡人数的 8.7%。在上述调查中,作者列出并分析了印度疫苗接种战略中出现的不公平现象,并计算了这些不公平现象对新政策实施的影响。为了更好地了解这些潜在的不公平现象,可以利用政府门户网站提供的数据进行定性和定量分析。

更具体地说,本节主要做了如下工作:①寻找了政策中可能存在的不公平现象;②评估了为增加疫苗接种而实施的新政策的影响;③确定了各种信息来源中可能存在的数据差异。研究表明,目前发现的病例数、疫苗可用性、正在开发的应用程序和自动化工具、疫苗分发以及卫生中心规模的战略指南和实施都在不同的来源中发布。评估了两项重要政策的有效性,并说明了疫苗接种政策的分配为何没能在某些地区实现公平分配。为了确保政策和决定是以可靠信息为基础的,向公众提供的疫苗接种记录也必须是一致和准确的。我们注意到了在 CoWIN 仪表板上可访问的疫苗接种记录中的一些不一致[10]。在定量分析的帮助下,应以公平和透明度为主要考虑因素,确定在管理疫苗接种方面的关键差距,并批准未来的政策。需要增加更多的功能需求,包括儿童和护照方面,以便使旅行更方便。

2.3 方案的新颖性

由于印度是仅次于中国的第二大人口国家,追踪每个公民的疫苗接种是很困难的。CoWIN 应用程序虽然不能替代人工的监督和管理,但它可以帮助收集和存储当前及未来使用所需的所有信息。该应用程序支持 12 种语言,开发者创建了一个用户友好界面,允许来自世界各地的人快速、方便地与该应用程序进行交互。这简化了使用 CoWIN 应用程序的过程。

科研人员能够在这么短的时间内进行实验和开发一个应用程序殊为不易,但面临的难题却未能提高人们的认识,并且那些生活在农村地区的人,也无法解决这一问题。该模型为现有系统的插槽预订过程提供了各种改进,提高了系统的有效性和用户友好性。步骤如下:注册,用户必须在主页上完成信息录入,如用户名、用户联系号码、用户身份号码(用于认证身份)、用户电子邮件地址等用户详细信息,选择状态、选择地区、选择针码、日期范围、用户选择接种、选择年龄、选择付费或免费、选择可用性,选择疫苗状态。在验证了这些信息后,用户就可以访问插槽跟踪工具了。

1. 如果用户没有接种疫苗或是第一次接种,他们选择的日期确定 PIN 码的可用槽。根据用户的疫苗接种状况,第二次注射倒计时在第一次注射后 12 周开始。

2. 如果用户已经服用了第一次疫苗接种剂量,则会显示第二次疫苗接种剂量的插槽。

3. 如果使用者接种了第一剂疫苗,加强剂量倒计时在 6 个月自动开始。

随后,在每一级,用户都会收到一个电子邮件提醒下一个疫苗接种的时间和地点。用户的电子邮件基于注册期间数据库中的详细信息(PIN,电子邮件)。

2.3.1 年龄

政府为 COVID-19 疫苗接种计划选择了以下优先事项:60 岁以上人群、45 岁以上人群和 18 岁以上人群。

2.3.2 疫苗接种插槽的可用性

根据这些特征确定个人优先级需要考虑的一个关键因素是疫苗接种槽的可用性。

2.3.3 疫苗接种情况

在这一阶段,记录个人的疫苗接种史,包括第一次接种、第二次接种和加强剂接种情况。

2.4 方案模型

疫苗接种追踪模型具备更先进的功能,包含在疫苗接种应用程序中,使用户使用更加直接和友好。该模型需要用户遵循几个步骤来完成,例如,在进入主页后,用户必须通过输入其基本信息来注册。这些信息包括根据国家、地区和各自的密码,提供不同地点疫苗插槽的信息。该门户还寻找希望访问这些信息的最小年龄用户。你可以选择自己的疫苗(无论是免费疫苗还是付费疫苗)以及可用性。一旦用户输入此信息,结果将以表格格式显示在屏幕上。如果使用者以前接种过第一剂疫苗,则在第一次接种疫苗之日起的 48 天内自动设置第二剂疫苗的提醒。一旦间隔完成,根据其第一剂疫苗接种信息,将在注册的电子邮件 ID 上发送邮件给用户,包括日期范围、州、地区、密码、免费/付费疫苗接种和首选疫苗。

该模型的作用机理如图 2.1 中的流程图所示。

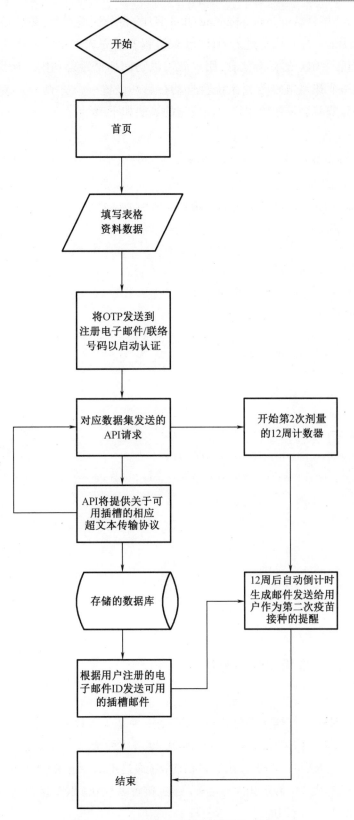

图 2.1 建议的疫苗接种追踪模型流程图

一个一次性可编程(one time programmable,OTP)将被发送到用户的联系电话和电子邮件中,以便进行验证。一旦用户进入OTP,认证过程就会完成。如果没有,用户将被要求重新启动。一旦验证了用户的详细信息,用户就可以访问插槽跟踪功能。如果用户接种了部分疫苗(已经接种了第一剂疫苗),系统会自动在后端设置一个提醒,一旦第二次疫苗接种的时间开始,该提醒就会发送给用户。该模型的算法如下所示:

Algorithm: Designing a Model for Vaccine Slot Tracker

H: homepage; R: Registration; R1, R2, R3.... Rn: Registration serial numbers; VS: Vaccination Slot; F1: First dose vaccinated; N1: Not vaccinated; r2: reminder for 2nd dose

```
1:   Begin by Homepage (H)
2:   Submit R
3:   for each R(R1, R2, R3.... Rn):
4:   OTP sent to provided email & contact number;
5:   If (OTP = = verified)
6:     If (user = = N1):
7:     Display information regarding VS;
8:       Store the data of R
9:       else
10:        Redirect to H;
11:     If (user = = F1):
12:   r2 starts for 48 days time interval from the date of F1
13:   Mail sent regarding slot availability to the registered email id of the user
14:     else
15:       Redirect to H;
16:   end if
17:   end if
18:   end if
19:   End
```

2.4.1 CoWIN 应用程序的角色

据印度首相所说,该软件可以确保人们能按时接受第二剂疫苗。在接种第一剂和第二剂疫苗后,将产生证书。根据该平台的描述,它是一种基于云计算的信息技术解决方案,用于组织、执行、跟踪和评估印度地区的 COVID-19 疫苗接种情况[13]。除了协助行政管理(通过编排模块),该平台还可以筛选疫苗数量供应链(通过疫苗冷链模块)、船上公民作为疫苗接受者(通过公民模块)、更新其状态接种(通过接种者模块)以及接种疫苗后的各种发行证书(证书、反馈和 AEFI 模块)[15,16]。

2.4.2 CoWIN 应用程序的注册流程

登记要求出示政府颁发的任何类型的照片身份证。一旦注册了，他们将收到一份详细的时间表，详细说明何时、何处接受疫苗注射。疫苗接种单位将核实受益人的信息，并更新受益人的疫苗接种状态[11]。

以下是整个过程中的步骤。

步骤1：发送一条带有时间和日期的短信给在 CoWIN 应用程序上注册的申请人。

步骤2：申请人必须到达疫苗接种地点，并向工作人员出示短信。

步骤3：由疫苗接种人员扫描身份识别文件。

步骤4：检查申请人关于 CoWIN 应用程序的信息，以及通过短信接收到的 OTP 的一次性密码用于验证。

步骤5：申请人接种疫苗，疫苗接种工作人员在 CoWIN 申请中登记申请人的信息。

步骤6：申请人收到另一条带有第二剂量的预约信息和一个 OTP 的短信。

步骤7：申请人在接种疫苗后必须等待大约 30 分钟以观察是否对药物有任何不良反应。如果没有过敏反应，则可以自由离开。

总体来看，印度的疫苗接种高峰可能是由于中央政府严格实施强制口罩、社会距离、频繁洗手、在封锁期间完全停止公共交通，以及仅限制国内和国际交通等因素共同促使的。

2.5 基于模糊的疫苗插槽跟踪器模型

基于模糊的疫苗插槽跟踪器模型采用模糊逻辑方法，为人群分配合适的疫苗接种时段。模糊方法是一种处理变量的方法，它使用单个变量来处理多个可能的真值。它是多元逻辑的一门数学学科，这是一种遵循模糊规则并由 AI 驱动的方法，可用于工程和非工程应用，包括股票交易和医疗诊断，也可用于其他系统，包括输入和输出组件系统[12]。

年龄（AGE）、疫苗插槽的可用性（AVS）、疫苗接种的状态（VS）三个基本因素被用作疫苗插槽跟踪的输入参数，如图 2.2 所示。

使用表 2.1 中定义的参数。模型决定输出的可能性：

●高：在这种情况下，用户将在最早的阶段得到通知。

●中：在这种情况下，用户在获得优先权之后就会得到通知。

●低：在这种情况下，如果在中等和高优先级的预订旁边的区域内还有任何可用的疫苗插槽，用户将被告知。

在本研究中，第一次剂量的模糊值分配范围为 0~14，第二次剂量的模糊值分配范围为 12~18。除此之外，助推器的剂量范围为 15~28。

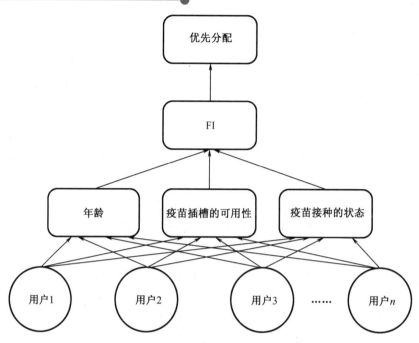

图 2.2　基于模糊的疫苗插槽跟踪模型

表 2.1　相关参数

参数	低	中	高
年龄（AGE）	0~35	30~55	50~100
疫苗插槽的可用性（AVS）	23~31	13~25	1~14
疫苗接种的状态（VS）	15~28	12~18	0~14

2.5.1　模糊规则

这里定义了模糊规则来确定疫苗插槽可用性的概率。模糊规则的定义如下[13]：

规则 1：如果年龄为"中"、AVS 为"中"以及 VS 为"中"，则概率为"中"。

规则 2：如果年龄为"中"、AVS 为"中"以及 VS 为"高"，则概率为"高"。

规则 3：如果龄为"高"、AVS 为"高"以及 VS 为"高"，则概率为"极高"。

......

规则 27：如果龄为"低"、AVS 为"低"以及 VS 为"低"，则概率为"极低"。

这里使用模糊逻辑，包含三个输入变量（年龄、疫苗插槽可用性和疫苗接种状态），每个变量都有三个成员值（低、中、高）；因此，总共生成 3×3×3＝27 条模糊规则。

2.6 模 拟

数据库、面向对象和神经网络方法都被用于开发建议的模型。因为很多地方我们需要维护数据库中的数据,所以我们正在使用 SQLite 软件,这是存储信息的最好和用户界面最友好的程序之一。作为前端软件,这个项目使用 PHP,这是一个处理面向对象的编程语言,它可以与 MySQL 数据库连接。它是一种基于 Web 网络的服务,客户可以通过服务器[14] 和浏览器进行访问。以 Django 为基本后端对模型进行仿真,通过 SQLite[17] 对数据库进行管理。硬件和软件配置使用如表2.2 所示。首先,当用户访问网页时,用户被要求填写必要的信息,如姓名、电子邮件、登录密码和用户的年龄等。在进行下一步之前,有一个身份验证接口,其中通过向用户的注册邮件 ID 发送 OTP 来完成身份验证。一旦用户完成认证,将跳转到另一个网页,即提供服务的网页,所有的信息和功能都可以从这个页面上访问。首先,用户被要求输入日期和范围,从当前日期到用户希望获得信息的天数,如表2.2 所示。例如,如果当前日期是 2022 年 1 月 3 日,若用户输入一个范围:3,那么插槽可用性将显示为2022 年 1 月 3 日至 2022 年 1 月 5 日[18]。

表 2.2　硬件和软件配置

处理器	奔腾 2.4 GHz 或以上版本
内存	256 MB RAM 或以上
缓存	128 KB 或以上
硬盘	3 GB 或以上(至少需要 3 MB 的可用空间)
随身存储器	5 GB
操作系统	Windows 10
数据库创建工具	JSP,Servlets,JavaScript, HtmlCss bootstraps
后端	SQLite、Django、Python

使用不同的输入参数来计算获得疫苗接种插槽评估和分配过程的可能性。使用MATLAB 的模糊工具箱可有效地构造和分配每个清晰的输入所提出的模型。模拟中使用的输入变量参数如表2.1 所示。在模拟过程中,收集注册用户的年龄、疫苗插槽的可用性和疫苗接种的状态作为模型的输入,其中 U1 表示特定用户。每一个因素的出现都在表 2.3中列出。

使用该模型的计算结果显示,U1 优先级的概率为 0.5,U2 优先级的概率为 0.864,U3 优先级的概率为 0.276,表明 U2 优先级最高,U1 优先级中等,U3 优先级最低。

选择的输入参数如图 2.3 所示,其中 "Mamdani-FIS"用于创建模糊规则库。

表 2.3　疫苗插槽跟踪的输入实例

序号	用户	输入值	概率
1	U1	［50，15，14］	0.50
2	U2	［70，8，15］	0.864
3	U3	［17，5，15］	0.276

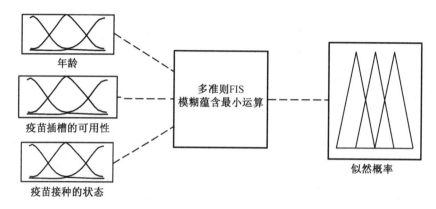

图 2.3　基于模糊的疫苗插槽跟踪器

图 2.4 为输入参数疫苗插槽的可能性。

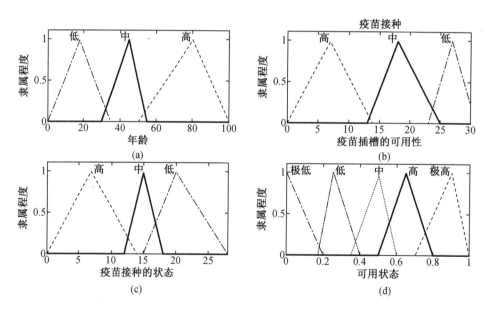

图 2.4　输入参数疫苗插槽的可能性

在图 2.5 中,U1 的优先级为 0.5,这表明用户的优先级较低,在 U3 中输入不同的参数为,AGE:50;AVS:15;VS:14。

在图 2.6 中,U3 的优先级为 0.864,这表明用户的优先级非常高,用于 U3 的不同参数的输入为,AGE;70;AVS:8;VS:15。

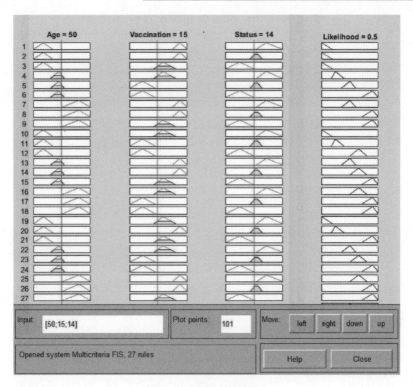

图 2.5 U1 的计算概率

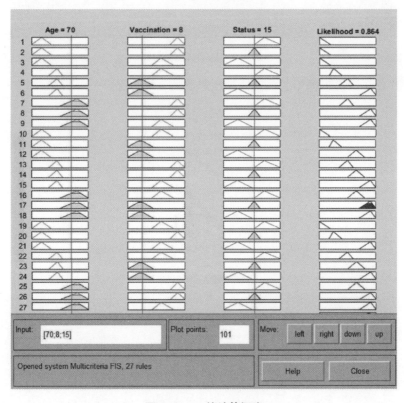

图 2.6 U2 的计算概率

在图 2.7 中,U3 的优先级为 0.276,这表明用户的优先级较低,用于 U3 的不同参数的输入为,AGE:17;AVS:5;VS:15。

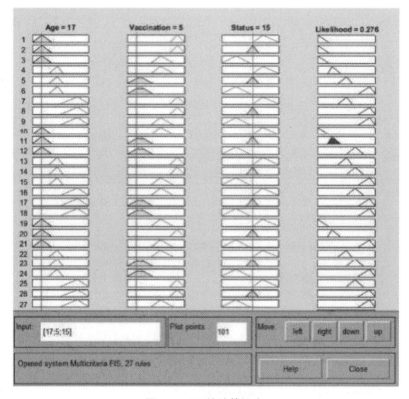

图 2.7　U3 的计算概率

图 2.8 显示了所提出模型的疫苗插槽跟踪器的实际情况。

图 2.8　建议使用的疫苗插槽跟踪器

尽管发达国家正在以创纪录的速度进行大规模免疫接种,但发展中国家仍然受到若干复杂因素的影响,包括 COVID-19 的扩散、检测的阻碍、大规模疫苗接种挑战和医疗供应的限制[12]等。

2.7 结　　论

由于疫苗交付、跟踪和注册所面临的阻碍,传统的 COVID-19 疫苗战略被认为是脆弱的。在该模型中,重点研究了现有疫苗接种驱动平台模型中仍需引入的特点。我们已经发现了关于病例数量、疫苗的可用性、手机应用和机器人的开发、疫苗的分发以及规划过程的各种信息来源。该模型使用不同的随机测试用例对多个用户进行测试,并对其他三个用户进行了小的测试用例演示。该模型分别评估了 U1、U2 和 U3 疫苗插槽分配的可能性(分别为 0.5、0.864 和 0.276)。结果显示,疫苗插槽分配的优先顺序是 U2>U1>U3。该模型的应用是根据第一次接种的日期,利用不同年龄组的疫苗插槽的可能性来设置并发送第二次接种的提示,其将在繁忙的时间中提醒需要接种疫苗的公民。

2.8 展　　望

在未来,我们的目标是利用机器学习来改进模型,这将被广泛用于宣传活动。我们将努力提出战略,确保人们公平和平均地接种疫苗,确保每个国家都能接受疫苗接种,确保每个国家都能利用疫苗保护本国公民。

参 考 文 献

[1] WHO website 2019, *Coronavirus disease(COVID-19)*, https://www. who. int/emergencies/diseases/novel-coronavirus-2019/covid-19-vaccines.

[2] Collado-Borrell, R., Escudero-Vilaplana, V., Villanueva-Bueno, C., Herranz-Alonso, A., Sanjurjo-Saez, M., Features and functionalities of smartphone apps related to COVID-19: Systematic search in app stores and content analysis. *J. Med. Internet Res.*, 22, 8, 2022.

[3] Akshita, V., Dhanush J., S., Dikshitha Varman, A., Krishna Kumar, V., Blockchain-based covid vaccine booking and vaccine management system. *Proc. 2nd Int. Conf. Smart Electron. Commun. ICOSEC 2021*, 2021.

[4] Mehta, R., Kumar, A., Gupta, R., Babbar, K., Kapoor, C., Center for ICT for Development (CICTD), IMPRI Impact and Policy Research Institute, New Delhi and The Dialogue organized a panel discussion on "Strengthening CoWIN Platform towards Universal Vaccination". *Strengthening CoWIN platform towards universal vaccination*, 2021.

[5] Nath, S., Aravindkumar, K., Sahoo, J. P., Samal, K. C. and Chidambaranathan, A., Use of CoWIN app in vaccination program in India to fight COVID-19. *Vigyan Varta*, 2, 2, 10−13, 2021.

[6] Gupta, M., Goel, A. D., Bhardwaj, P., The CoWIN portal-Current update, personal experience and future possibilities. *Indian J. Community Heal.*, 33, 2, 414, 2021.

[7] Chopra, M., Singh, S. K., Mengi, G., Gupta, D., Assess and analysis Covid-19 immunization process: A data science approach to make india self-reliant and safe. *CEUR Work. Proc*, 9186, 0−2, 2021, http://ceur-ws.org/Vol-3080/10.pdf.

[8] Karopoulos, G., Hernandez−Ramos, J. L., Kouliaridis, V., Kambourakis, G., A survey on digital certificates approaches for the COVID-19 pandemic. *IEEE Access*, 9, 138003−138025, 2021.

[9] Karandikar, T., Prabhu, A., Mathur, M., Arora, M., Lamba, H., Kumaraguru, P., CoWIN: really winning? Analysing inequity in india's vaccination response. ArXiv, abs/2202.04433, 2022.

[10] Hashmi, A. A. and Wahed, A., Analysis and prediction of Covid-19. *Commun. Comput. Inf. Sci.*, 1393, 381−393, 2021.

[11] Grant, D., McLane, I., West, J., Rapid and scalable COVID-19 screening using speech, breath, and cough recordings. *BHI 2021−2021 IEEE EMBS Int. Conf. Biomed. Heal. Informatics, Proc*, 2021.

[12] Faiz, M. and Daniel, A. K., A multi-criteria cloud selection model based on a fuzzy logic technique for QoS. *Int. J. Syst. Assur. Eng. Manag.*, 1−18, 2022. https://10.1007/s13198-022-01723-0.

[13] Faiz, M. and Daniel, A. K., Multi-criteria based cloud service selection model using fuzzy logic for QoS. *International Conference on Advanced Network Technologies and Intelligent Computing*, Springer, Cham, 2021.

[14] Faiz, M. and Daniel, A. K., Threats and challenges for security measures on the internet of things. *Law, State Telecommunications Review (LSTR)*, 14.1, 71−97, 2022.

[15] Awasthi, S., Chauhan, R., Tripathi, S. L., Datta, T., COVID-19 research: Open data resources and challenges, in: *Biomedical Engineering Applications for People with Disabilities and Elderly in a New COVID-19 Pandemic and Beyond*, 93−104, Academic Press, 2022, https://10.1016/ B978-0-323-85174-9.00008-X.

[16] Singh, T. and Tripathi, S. L., Design of a 16-bit 500-MS/s SAR-ADC for low- power application, in: *Electronic Devices, Circuits, and Systems for Biomedical Applications*, pp. 257−273, Academic Press, 2021.

[17] Dhinakaran, V., Varsha Shree, M., Tripathi, S. L., Bupathi Ram, P. M., An over view of evolution, transmission, detection and diagnosis for the way out of coronavirus, in: *Health Informatics and Technological Solutions for Coronavirus (COVID-19)*, CRC

Taylor & Francis, 2021, https://10. 1201/9781003161066.

［18］　Dhinakaran, V. , Surendran, R. , Shree, M. V. , Tripathi, S. L. , Role of modern technologies in treating of COVID-19, in: *Health Informatics and Technological Solutions for Coronavirus（COVID-19）*, pp. 145−157, CRC Press, 2021.

第3章 增强文本挖掘方法——为获得更好客户评论的排名系统

Ramandeep Sandhu[1], Amritpal Singh[1], Mohammad Faiz[1]*, Harpreet Kaur[1], Sunny Thukral[2]

摘要

大多数客户表示,在线评论会影响他们购买新产品的决定。因此,我们可以毫不夸张地说,在线评论对企业的成功至关重要。仅仅星级评定并不能为客户做出决策;文本评论在产品推荐中起着至关重要的作用。收集在线评论并将其转化为有价值的见解,对客户和公司都非常有益。本章提出了一种基于社交媒体数据的增强文本挖掘方法,该技术适用于以推特的形式实时处理客户评论,计算基于频率的排名,并提供有预示的结果。

关键词:在线评论;客户反馈;文本分析;数据挖掘;文本挖掘

3.1 引 言

在过去的十年里,文本挖掘已经变得越来越流行。文本挖掘的主要目的是从某些信息中获取相关的模态和信息。当与大数据分析相结合时,文本挖掘就会不断变化。与买家和客户的需求保持联系需要文本挖掘客户评论来检查客户体验。由于各种形式的技术被广泛采用,大量的非结构化文本数据在线生成。因此,数据专业人员需要使用文本数据的挖掘技术来提取大量的知识[1]。文本挖掘方法利用了基于词汇的策略、语法研究和句子长度来揭示消费者与品牌之间的行为和情感联系[2]。

与客户评估相关的因素很多,这些因素可能是你想要如何建立业务的有效动机。文本挖掘客户评论可以让您深入了解公司的优势和问题[3]。最终目标是长期增长、提高客户忠诚度,以及客户选择与特定的公司或协会开展业务。这些都是值得追求和维护的,随着越来越多的企业看到了文本挖掘消费者评估的好处,这些企业正转向评论平台巨头寻求适当的回应,因此文本挖掘客户评估使其动态内容的丰富深度更易于访问。亚马逊的评论分析为客户的购买行为和产品目标提供了极好的见解。

---

* 通讯作者,邮箱: faiz. 28700@ lpu. co. in。
1. 拉夫里科技大学计算机科学与工程学院,旁遮普,印度。
2. 戴扬南德·益格鲁·吷陀学院计算机科学与信息技术研究生部,阿姆利则,旁遮普,印度。

一个优秀的谷歌评论分析器是确定客户对其品牌体验想法的理想选择。客户评论不仅仅是为了告诉其他潜在客户他们对产品和品牌体验的看法。在合适的人手中,文本挖掘客户评估意味着众包你整个运营的未来愿景,由对你的组织最重要的个人提供信息。文本挖掘有助于处理大量非结构化数据,以提取可操作的智能。将其与机器学习相结合,可以使文本分析框架根据以前的训练对数据进行分类或从文本中提取关键短语[4,5]。

文本挖掘是指分析文本,如电子邮件、客户评论、标准文本、网络排名、索引报告和法律记录等,以检索数据,将其转换为智能,并使其可用于决策。文本挖掘允许对大量复杂的数据集进行快速简单的分析,以提取有意义的信息。文本挖掘将使用户能够在此场景中确定产品的总体方法。一种被称为情绪分析的技术被用来确定这些评论是积极的、批评性的或是公正的。最终,通过图像、信息图、结合数据库或仓库中的受控信息、机器学习等来表示,并结合语言、统计和机器学习方法。虽然这项研究是基于非结构化材料的,但首要目标之一是安排和组织它用于后续的定性和定量研究。文本挖掘是一种从大量非结构化文本中提取有用信息的过程。通过执行文本挖掘的一系列步骤,可以从非结构化的文本数据中挖掘信息。文本挖掘技术是进行文本挖掘和从数据中提取见解的过程。在实现文本挖掘算法之前,需要对文本进行预处理。文本预处理是在信息使用前检查和纠正信息的过程,其具有许多不同的方法,包括语言识别、文本分类和词性标记,这些方法都可用于文本预处理,这是自然语言处理的一个重要方面[6]。

3.2 文本挖掘技术

可以使用"文本挖掘"从任何给定的文本中挖掘出高质量的信息,这些方法有助于金融部门处理相关业务。在金融部门,分析大量数据对企业、机构和公众都是必要的和有利的。本节重点介绍文本数据分析中几个基本和广泛使用的策略[7-10]。

3.2.1 情感分析

情感分析(sentiment analysis,SA)是最著名的文本挖掘方法之一。意见挖掘是这种计算方法的另一个名称,用于揭示文本数据中隐藏的意见。除了在电子商务网站上的明显应用外,帖子、社交网络和内容社区也受益于它的流行。情感识别和效价识别是情感分析的两个主要原则。将深度学习方法与传统的机器学习策略(如情感词典开发)相结合,对研究人员来说显示出了很好的结果。

3.2.2 自然语言处理

自然语言处理侧重于文本文档输入的自动处理和解释,并允许计算机通过剖析短语的语法和语义进行读取,如图3.1所示。使用内部和外部数据渠道来衡量客户满意度,并衡量市场营销活动的影响。由于提供了客户对公司产品和服务感受的可操作见解,所以企业有动力通过情绪分析与客户进行互动[11-13]。

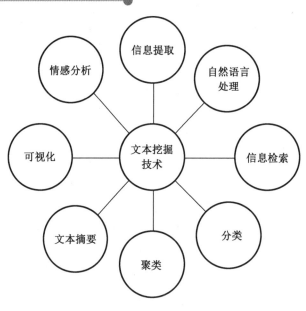

图 3.1 不同的文本挖掘技术

3.2.3 信息提取

信息提取(information extraction,IE)也可以理解为是一种从大量数据集中获得见解的方法。标记化、命名实体识别、句子分割和词性分配都是信息提取的一个组成部分,信息提取是计算机读取非结构化文本能力的第一步。在这种情况下,信息提取系统用于检测文档中的实体及其连接,并从中提取特定的信息。然后将生成的语料库集中到相互连接的数据库中进行分析。来自恢复数据的有用信息和结果可以在精确性和召回率的帮助下进行检查和评估。

3.2.4 信息检索

信息检索(information retrieval,IR)是从一个被称为语料库的文本资产集合中收集有效数据和相互关联模态的过程。信息检索使用各种算法来跟踪用户的行为,并挖掘出最相关的数据和见解。例如,谷歌的搜索引擎经常使用信息检索方法来定位适当的内容,以响应用户的查询。搜索引擎使用基于查询的算法来跟踪趋势并提供更多相关结果。然后,根据用户的问题,搜索引擎将提供更符合他们需求的搜索结果。

3.2.5 聚类

聚类是一种使用聚类算法将文本组织成有意义类别的无监督方法。聚类可以自上而下或自下而上进行,包括在多个文本中调度和检索相似的单词或模态。正因为如此,文档被分成更小的组,称为集群。集群中每个文档的内容都非常相似,但不同集群的范围不同。因此,可以更准确地衡量聚类的有效性。文本挖掘的过程如图 3.2 所示。

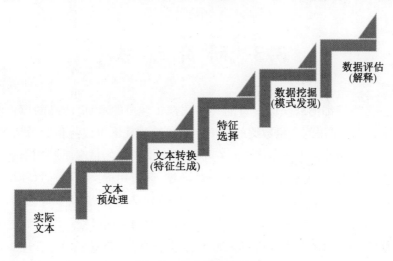

图 3.2 文本挖掘的过程

3.2.6 分类

作为分类方法的一部分,以可访问格式编写的文档被分为一个或多个组。为了学习如何对新信息进行分类,有监督的学习者采用反馈实例。根据文本文件的内容确定其分类。文本分类的目的是通过在已识别的实例上训练分类器来自动对未识别的实例进行分类。这是通过预处理、检索、函数近似和分类来实现的[14-17]。此外,特征空间的计算复杂性对文本分类提出了挑战,如图 3.3 所示。

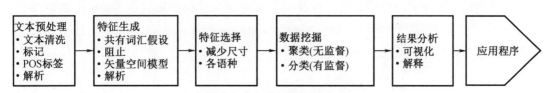

图 3.3 文本挖掘的各个阶段

3.2.7 可视化

使用可视化方法可以促进和澄清可视化相关数据。在概述单个文档或文档组时,文本标记表示文档类型,而颜色表示文档密度。可视化层次结构组织了重要文本源,便于用户交互。例如,当局已经利用信息可视化来绘制恐怖主义网络的地图,以及对犯罪活动进行编目。

3.2.8 文本摘要

文本摘要旨在减少文档的长度、特征和复杂性,同时又不丢失其要点和真实意义,有助于评估一篇长篇论文是否满足用户的需求,并确定它是否有阅读价值。研究表明,文档分组有可能取代文本摘要[18]。

3.3 研 究 现 状

目前,大多数组织都可以获取大量的文本数据。客户的意见、产品的评价和社交媒体的评论等仅仅是目前可用的大量数据的冰山一角。这类文本可以提供有价值的见解,可以指导产品开发,并为企业提供竞争优势。在不使用文本挖掘的情况下利用上述数据是具有挑战性的。这是因为人脑无法处理如此大量的数据,而应用程序可以通过使用文本挖掘来简化其文本分类过程。可以使用诸如主题、目的、情感基调、语言背景等因素来组织数据。文本挖掘是有帮助的,因为它可以取代许多耗时和费力的手动过程。相关研究如下。

Sharma 等[19]通过使用文献分析和 STM 仔细检查文章,调查了信息管理中研究倾向的发展。该数据集包含了 Scopus 数据库中 1970—2019 年与信息管理相关的 19 916 篇研究文章、书籍章节和综述论文的书目数据。Porturas 等[20]利用 LDA、层次聚类确定了急诊医学的主题和研究趋势。该数据集包含了 1980—2019 年 OVID 数据库中 20 528 篇急诊医学相关研究出版物的摘要。Karami 等[21]使用术语频率探索和 MALLET 方法确定了 2006—2019 年的推特研究中这些问题和主题进展。该数据集包含了推特上 18 000 篇研究出版物的摘要,这些出版物来自 IEEE 和 Web of Science archives。Kim 等[22]从 231 篇相关研究的出版物摘要中,使用 Word2vec 和球形 k-均值聚类(W2V-LSA)方法分析了区块链技术领域的问题和趋势。该数据集包括 2014—2018 年发表的与区块链相关的学术文章的摘要。该系统使用具有最新编程工具的专家系统来提取语义分析。Maeda 等[23]利用 AntConc 软件、TF-IDF 和关键字计算算法检查了南非的远程医疗探索发展情况。该数据集包括 PubMed 2019 年发表的 36 篇关于远程医疗的研究出版物摘要和标签。不同领域的文本挖掘技术介绍如表 3.1 所示。

表 3.1　不同领域的文本挖掘技术介绍

作者	技术	应用程序	结果
Sharma 等[19]	信息检索技术	信息管理	提取文献计量学数据库分析
Porturas 等[20]	聚类、线性判别分析	医疗领域	确定急诊医学主题
Karami 等[21]	术语频率分析 MALLET 方法	Twitters 进展	基于 18 000 篇摘要的公认主题期刊
Kim 等[22]	k-均值聚类	区块链技术	使用编程工具提取语义分析
Maede 等[23]	关键字计算算法	远程医疗领域	利用 AntConc 软件等调查了南非远程医疗研究趋势
Zuliani 等[24]	研究模态、聚类	农业领域	基于山地牛生产数据集的层次聚类研究模态分析

表 3.1(续)

作者	技术	应用程序	结果
Gurcan 等[25]	线性判别分析方法	大数据	使用 MALLET 版本观察大数据中的趋势问题
Ibrahim 等[26]	文本收集、关键字检测	语言提取	区分阿拉伯语、汉语和英语,准确率约为 75%
Nazir [27]	文本摘要	名词短语挖掘	使用现有数据集调查术语频率
Ding [28]	线性判别分析方法	节约能源领域	1 600 个建筑节能研究
Youssef 等[29]	情感分析	生物信息学领域	使用文本挖掘发现主题
Sandhu 等[30]	文本挖掘和多层降维	金融领域	J48 算法证明文本挖掘的最佳系统精度
Patel 等[31]	情感分析,KNN、SVR 算法	社交网络领域	情感分析的准确率为 70%~75%
Nguyen 等[32]	自然语言处理	股票预估	使用 NLP 获取了 87% 的准确率和 92% 的正确率

Zuliani 等[24]利用 XLSTAT 工具,使用 TF-IDF、LDA、Gibbs 标本和层次聚类法分析了山地活畜农业研究模态,该数据集包含了 Scopus 1980—2018 年的 2 679 篇关于山地牛生产的研究出版物的摘要。Gurcan 等[25]使用 MALLET 版本的 LDA 进行了 1 800 轮吉布斯抽样,调查了重要数据领域的趋势问题。该数据集包含了 Elsevier's Scopus 数据库中 2009—2018 年发表的 17 599 篇与大数据相关研究论文的摘要、标题和关键词。Ibrahim 等[26]采用了一种略有不同的方法,重点对许多方言中的经济新闻流进行情感分析。使用三种常用语言重复进行自动情感分析。为了实施区域语法策略,作者访问了当地三种语言档案。训练文本样本中包含的统计标准有助于关键词的发现。英语语料库的访问范围最广,其次是汉语和阿拉伯语。最流行的单词是根据它们被使用的频率进行排序和选择的。基于人工检查的提取准确率从 60%~75% 不等。为了在实时市场中实现,需要对该模型进行更严格的分析,包括一次添加多个新闻源。Nazir[27]利用名词短语挖掘和术语频率研究了数据挖掘的研究趋势。该数据集包含了 2014—2018 年发表的 5 843 篇科学直接数据挖掘出版物的摘要和信息。Ding[28]利用 TF-IDF、n-grams 和 LDA 研究了建筑节能发展趋势。1973—2016 年,从三个数据库中收集了 1 600 项建筑节能调查:Web of Science、Science Direct 和 JSTOR。

Youssef 等[29]在 1987—2018 年发表的 143 000 项生物信息学研究中发现了包含在 PubMed 数据库的数据集标题中的生物信息学主题研究。股票价格受到投资者在新闻中看到一家公司后的行为的影响。因此,Wu 等开发了一个将股票技术分析与情感研究相结合的模型。他们努力识别与每条新闻相关的主导情绪,并根据其重要性赋予其正确的情绪。将该模型应用于中国台湾地区股市的预测,其表现优于仅依赖任何一个因素的模型。这表明,一个有效的系统有发展和添加功能的空间。

Sandhu 等[30]提出的模型可以根据头条新闻来预测外汇(foreign exchange,FX)的发展趋势。作者对与过去外汇货币重大变动同时出现的新闻文章也进行了评估,希望以此来预测未来的市场行为。结果表明,采用目标预测算法进行最优特征缩减,而在文本挖掘的决策树构建阶段采用 J48 算法。除了使用历史数据来进行预测外,基本分析(主要处理非结构化的文本数据)也被严重依赖。J48 算法提高了系统的精度、性能、效率和吞吐量。

Patel 等[31]创造了一个混合模型,该模型集成了两种模型,主要模型获得了用于预测的数据集,使用逻辑回归进行预处理以消除冗余,并利用遗传算法、KNN 和支持向量回归。他们的预测是基于 KNN 的,当比较三种方法时,发现 KNN 是最准确的。随后,利用优化器以进一步提高精度。为了进一步帮助遗传算法,SVR 被用来为遗传算法提供未来的开盘价。由于推特被评为最突出的链接新闻来源,因此它被用于情绪分析。该算法使用了大量术语,将推文一分为二,并预测市场数据是增加了还是减少了。最终,该模型的精度达到了70%~75%,这是我们在动态环境中预期的。

Nguyen 等[32]专注于分析在线评论者的情绪。他们了解到老牌公司趋势话题背后的情绪,与前一年的股票准确性相比,产生了令人鼓舞的结果。在分析了与股票预测相关的人类注释社交媒体帖子后,作者计算了每个班级的积极情绪百分比。基于自然语言处理[33],该系统的预测准确率为 87%,正确率为 92%。使用数据集中的注释情感为没有确切情感的文本创建了分类模型。

3.4 研 究 方 法

"用于更好的客户评价排名系统的增强文本挖掘方法"中的步骤如图 3.4 所示。RStudio 已被用于执行各种操作。

如图 3.4 所示,该系统的各个步骤如下所述。

(1)第一阶段,从推特网站上读取实时数据。这些数据是通过 Twitter APIs 收集的。图 3.5 表示用于管理数据的配置文件。用于收集数据的底层工具是 Apache Flume。Apache Flume 是 Apache Hadoop 生态系统中的一个数据摄取工具。它用于管理来自各种来源的非结构化数据。

(2)第二阶段从提取数据和进行语料库创建开始。声明(i)用于此过程中的各种审查。

$$review1 = Corpus(VectorSource(myreview \ \$ \ Review. \ Text)) \cdots (i)$$

(3)下一步是对文本进行预处理。典型的预处理步骤包括转换为小写字母,删除标点符号,删除停止词和词干文档。

(4)该方法的后续步骤为将文本转换为由单词及其频率组成的数据框架。此处已生成了文档术语矩阵(document term matrix,DTM)和文本文档矩阵(text documact matrix,TDM)。图 3.6 所示为 10 个最常见的单词。术语的比例从 1∶10 中选择。它按降序提供了最流行的基于文本挖掘的单词排列频率。

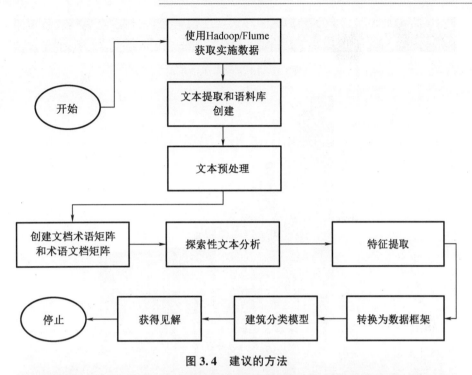

图 3.4 建议的方法

```
Open          .[+]                                              *twitter.conf

tw.sources = e1
tw.channels = c1
tw.sinks = s1

tw.sources.e1.type = com.cloudera.flume.source.TwitterSource
tw.sources.e1.consumerKey = G9TxQLWHLoH2rWxxxxxxxxxxxxx
tw.sources.e1.consumerSecret = c4DgPknw4PUa5V6bAxxxxxxxxxxxxxxxxxxxx
tw.sources.e1.accessToken = 1274610960641097728-zt0kDUWQ7tH2nxxxxxxxxxxxxxxx
tw.sources.e1.accessTokenSecret = WVRjqFTvoCmEynp17FYPgZxxxxxxxxxxxxxxxxxxxxxxxx

tw.sources.e1.keywords = productreviews,clothingreviews,onlineshoppingreviews

tw.sinks.s1.type = hdfs
tw.sinks.s1.channel - c1
tw.sources.e1.channels = c1
tw.sinks.s1.hdfs.path = /user/amrit/my_tweets1
tw.sinks.s1.hdfs.fileType=DataStream
tw.sinks.s1.hdfs.writeFormat=Text

tw.sinks.s1.hdfs.batchSize = 1000
tw.sinks.s1.hdfs.rollCount = 10000

tw.channels.c1.type = memory
tw.channels.c1.capacity = 10000
tw.channels.c1.transactionCapacity = 10000
```

图 3.5 Apacheflume 配置文件屏幕截图

(5)此外,还应用了探索性文本分析(exploratory text analysis,ETA)。

探索性文本分析的几个典型的预处理步骤:转换为小写字母,删除标点符号,删除停止词和词干文档。

(6)基于各种文本数据特征,将数据转换为数据框架,以应用于分类模型,如图 3.7 所示。

```
> review_term_freq[1:10]
   love    fit   size   look    top   wear  color  great perfect  order
  11351  11310  10597   9276   8261   8047   7191   6084   5224   4983
```

图 3.6　10 个最常见的单词

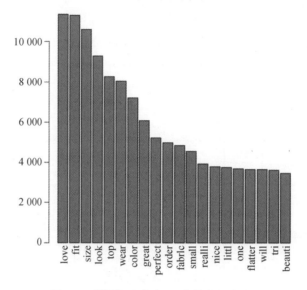

图 3.7　所提取文本中 20 个最常见的单词

将数据转换为数据框架的主要目标之一是分析推荐产品的人和不推荐产品的人在关键词使用方面的差异,如图 3.8 所示。

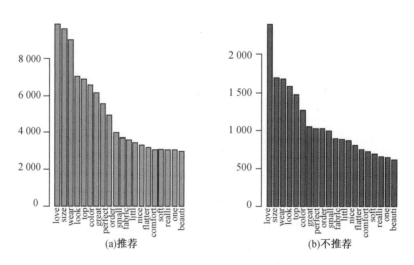

图 3.8　单独的条形图

基于频率上的差距,单词聚类有助于找到经常一起使用的单词组。树状图用于描述单词簇,如图 3.9 所示。

该方法的下一步是特征提取。这是通过消除稀疏性来实现的。在文本挖掘中经常遇到巨大的矩阵,其中许多矩阵都包含零。只保留几个非零条目及其位置,而不是整个单元格,以节省内存。数据框架的构建遵循特征提取的方法。

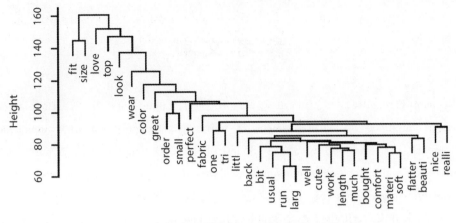

dist(review_tdm2, method = "euclidean")
hclust (*, "complete")

图 3.9　降维技术（单词聚类）

最后一步是建立分类模型。我们将应用套索逻辑回归进行模型开发和分类,以减少特征的数量。逻辑回归模型的比值提供许多深刻的分类见解,如表 3.2 所示。

表 3.2　各类产品推荐比值

变量	比值
Compliment	4.9
Perfect	2.36
Return	−1.18

解释如下:使用短语"符合"的产品评论被推荐的概率是不推荐的 4.9 倍。"失望"一词的系数为负,意味着如果产品出现在评论中,是否会被推荐是值得怀疑的。

3.5　结　　论

本文提出了一种实时文本挖掘的分类模型。在使用 Twitter API 发布评论时,会捕获客户使用的最常见和最频繁的词汇。该研究重点选择了两项研究的见解,一项是推荐的,另一项是在线提交评论的客户不推荐的。为了使研究更加有效,实现了基于特征和基于观点的词聚类。由于套索逻辑回归模型成功地降低了文本评论的维度,因此它提供了更好的结果。

参 考 文 献

［1］ Buenano-Fernandez, D., Gonzalez, M., Gil, D., Lujan-Mora, S., Text mining of open-ended questions in self-assessment of university teachers: An LDA topic modeling approach. IEEE Access, 8, 35318–35330, Feb. 2020. Sandhu, R., A novel method to find score value for online opinions. *International Journal of Compuugggtational Science and Information Technology (IJCSITY)*, 1, 1, 2320-8457, February 2013.

［2］ Campbell, J. C., Hindle, A., Stroulia, E., Latent dirichlet allocation: Extracting topics from software engineering data, in: *The Art and Science of Analyzing Software Data*, vol. 3, no. 4-5, pp. 139-159, 2015.

［3］ Al Moubayed, N., Breckon, T., Matthews, P., McGough, A. S., Sms spam filtering using probabilistic topic modeling and stacked denoising autoencoder, in: *Lecture Notes in Computer Science (including subseries Lecture Notes in Artificial Intelligence and Lecture Notes in Bioinformatics)*, vol. 9887 LNCS, pp. 423-430, 2016.

［4］ Bastani, K., Namavari, H., Shaffer, J., Latent dirichlet allocation (LDA) for topic modeling of the CFPB consumer complaints. *Expert Syst. Appl.*, 127, 256-271, Jul. 2019.

［5］ Bennett, R., Vijaygopal, R., Kottasz, R., Attitudes towards autonomous vehicles among people with physical disabilities. *Transp. Res. Part A Policy Pract.*, 127, 1 – 17, Sep. 2019.

［6］ Sandhu, R., A novel method of opinion extraction for product opinions. *International Journal of Foundation in Computer Science and Tenchnology (IJFCST)*, 2, 5, 17-24, September 2012.

［7］ Eler, D. M., Grosa, D., Pola, I., Garcia, R., Correia, R., Teixeira, J., Analysis of document pre-processing effects in text and opinion mining. Information, 9, 100, 2018.

［8］ Elshendy, M. and FronzettiColladon, A., Big data analysis of economic news: Hints to forecast macroeconomic indicators. *Int. J. Eng. Bus. Manag.*, 9, 1847979017720040, 2017.

［9］ Jin, M., Wang, Y., Zeng, Y., Application of data mining technology in financial risk analysis. *Wirel. Pers. Commun.*, 102, 3699-3713, 2018.

［10］ Klopotan, I., Zoroja, J., Meško, M., Early warning system in business, finance, and economics: Bibliometric and topic analysis. *Int. J. Eng. Bus. Manag.*, 10, 1847979018797013, 2018.

［11］ Liu, D. and Lei, L., The appeal to political sentiment: An analysis of Donald Trump's and Hillary Clinton's speech themes and discourse strategies in the 2016 US presidential election. *Discourse, Context Media*, 25, 143-152, Oct. 2018.

［12］ Lotto, J., Examination of the status of financial inclusion and its determinants in

Tanzania. *Sustainability*, 10, 2873, 2018.

［13］ Thukral, S. and Rana, V., Versatility of fuzzy logic in chronic diseases: A review. Med. *Hypotheses*, *Elsevier*, 122, 150-156, 2019.

［14］ Sandhu, R., Applying opinion mining to organize web opinions. *International Journal Computer Science*, *Engineering and Applications* (*IJCSEA*), 1, 82-89, 2011, https://doi. org/10. 5121/ijcsea. 2011. 1408, https://www. scilit. net/ article/ 8738c7c4b56ac78cc270d8500ffc8166.

［15］ Roh, T., Jeong, Y., Yoon, B., Developing a methodology of structuring and layering technological information in patent documents through natural language processing. *Sustainability*, *9*, 2117, 2017.

［16］ Arner, D. W., Barberis, J., Buckley, R. P., The evolution of Fintech: A new post-crisis paradigm. *George. J. Int. Law.*, 47, 1271, 2015.

［17］ Karami, A., Ghasemi, M., Sen, S., Moraes, M. F., Shah, V., Exploring diseases and syndromes in neurology case reports from 1955 to 2017 with text mining. *Comput. Biol. Med.*, 109, 322-332, Jun. 2019.

［18］ Dehghani, M., Johnson, K. M., Garten, J. et al., TACIT: An open-source text analysis, crawling, and interpretation tool. *Behav. Res.*, 49, 538-547, 2017, https:// doi. org/10. 3758/s13428-016-0722-4.

［19］ Sharma, A., Rana, N. P., Nunkoo, R., Fifty years of information management research: A conceptual structure analysis using structural topic modelling. *International Journal Information Management* (*IJIM*), 58, 2021.

［20］ Porturas, T. and Taylor, R. A., Forty years of emergency medicine research: Uncovering research themes and trends through topic modelling. *Am. J. Emergency Med.*, 45, 213-220, Aug. 2020.

［21］ Karami, A., Lundy, M., Webb, F., Dwivedi, Y. K., Twitter and research: A sys-tematic literature review through text mining. *IEEE Access*, 8, 2020.

［22］ Kim, S., Park, H., Lee, J., Word2vec-based latent semantic analysis (W2V- LSA) for topic modelling: A study on blockchain technology trend analysis. *Expert Syst. Appl.*, 152, 2020.

［23］ Maede, A., George, M., Naveda, B., Identifying recent telemedicine research trends using a natural language processing approach, in: *2020 International Conference on Artificial Intelligence*, *Big Data*, *Computing and Data Communication Systems* (*icABCD*), Durban, South Africa, pp. 1-6, 2020.

［24］ Zuliani, A. et al., Topics and trends in mountain livestock farming research: A text mining approach. *Animal*, *15*, 1, 2021.

［25］ Gurcan, F. and Sevik, S., Big data research landscape: A meta-analysis and lit-erature review from 2009 to 2018, in: *2019 1st International Informatics and Software*

Engineering Conference (*UBMYK*), Ankara, Turkey, pp. 1-5, 2019.

[26] Ibrahim, M. and Ahmad, R., Class diagram extraction from textual requirements using natural language processing (NLP) techniques. *2010 Second International Conference on Computer Research and Development*, Kuala Lumpur, Malaysia, pp. 200-204, 2010.

[27] Nazir, S., Asif, M., Ahmad, S., The evolution of trends and techniques for data mining, in: *2019 2nd International Conference on Advancements in Computational Sciences* (*ICACS*), Lahore, Pakistan, pp. 1-6, 2019.

[28] Ding, Z., Li, Z., Fan, C., Building energy savings: Analysis of research trends based on text mining. *Autom. Constr.*, 96, 398-410, Oct. 2018.

[29] Youssef, A. and Rich, A., Exploring trends and themes in bioinformatics literature using topic modelling and temporal analysis, in: *2018 IEEE Long Island Systems*, *Applications and Technology Conference* (*LISAT*), Farmingdale, NY, U.S.A., pp. 1-6, 2018.

[30] Sandhu, R. and Khanna, K., Satisfaction: A scale to fulfil consumer's expectations on cloud computing. *International Journal of Research in Electronics and Computer Engineering* (*IJRECE*), 5, 3, 362-365, 2017.

[31] Patel, K. et al., Facial sentiment analysis using AI Techniques: State-of-the-art, taxonomies, and challenges. *IEEE Access*, 8, 90495-90519, 2020.

[32] Nguyen, E.T., Xie, F., Chen, Q., Zhou, Y., Chen, W., Bautista, J. et al., Characterization of patients with advanced chronic pancreatitis using natural language processing of radiology reports. *PLoS One*, 15, 8, e0236817, 2020, https://doi.org/10.1371/journal.pone.0236817.

[33] Prasanna, D.L. and Tripathi, S.L., Machine learning classifiers for speech detection. *2022 IEEE VLSI Device Circuit and System* (*VLSI DCS*), Kolkata, India, pp. 143-147, 2022.

第4章 基于遥感和卫星图像处理碳封存测绘图的空间分析

Prashantkumar B. Sathvara, J. Anuradha, R. Sanjeevi*

摘要

随着现代化和城市化进程的加快,碳排放已然成为一个重要的社会问题。土壤、海洋、森林和大气是储存碳的主要介质,它们在不同时期扮演着碳汇或碳源的角色,然而被排放的碳比被吸收的碳多。碳汇通过碳固存的过程从周围的环境中吸收并消除二氧化碳(CO_2)。在全球范围内,树比农作物更善于储存碳,但在较小的范围内,农作物也能发挥作用。绿色植物利用光合作用将大气中产生的二氧化碳(CO_2)储存在组织中。卫星数据可以计算地面植被季节性的产碳和碳固存,碳循环和植被均可使用全球遥感进行监测。本文的研究包括开放和封闭的灌木丛、农田、健康的植被模态和生物量,并提供了一种快速获取生物量和碳固存价值的方法。考虑到固碳的重要性,在建立一个地区的碳平衡模型时必须考虑农作物,因为它们可以充当小规模的碳汇。

关键词:碳封存;地理空间成像;遥感;净初级生产力;陆地

4.1 引　言

全球变暖是世界上最令人担忧的问题之一,它在一定程度上是由各种来源的碳排放造成的。在过去的一个世纪里,由于燃烧化石燃料、森林砍伐和城市化等人类行为,大气中现在含有大量的二氧化碳(CO_2)和其他温室气体[1]。全球变暖是由最常见的温室气体之一——CO_2引起的,其会导致干旱、生态危机和海平面上升[2-3]。碳储存的介质主要包括土壤、海洋、森林和大气,这是在估计植物物种的生物量之后测量得到的结论。遥感卫星数据是以广泛区域内的生物量为基础,快速且有效地评估植物碳固存能力的一种技术[4]。

碳封存主要涉及储存 CO_2 或其他类型的碳,以减缓全球变暖。CO_2 是一种温室气体,可以通过生物、化学或物理过程从大气中移除[5]。碳封存可以减少化石燃料燃烧和其他人为因素造成的大气温室气体蓄积。收集和储存含有碳的化合物的过程被称为碳汇。碳汇吸收 CO_2,将其从大气中移除。自然碳汇包括森林、土壤、海洋、植物和藻类[6]。碳封存的量

---

* 通讯作者,邮箱:r. sanjeevi@ nimsuniversity. org。

尼姆斯联合医学科学与技术研究所(拉贾斯坦邦尼姆斯大学),斋浦尔,印度。

应该使用精确、准确和经济的方法来测量,我们可以使用地理信息系统(geographic information system,GIS)等传统技术进行测量,不过遥感测量提供了更好的解决方案[7]。虽然针对陆地表面的预测或诊断因素评估得到的关注较少,但遥感测量已经被开发可用来评估植物的生物量和碳含量[8]。

在世界各地,有机物中含有许多 CO_2。大自然将这种有机物质转化为燃料,如汽油、柴油、煤炭、木材和泥炭。这些能量物质燃烧时,其储存的 CO_2 被释放到了环境中[9]。自然而然的,这些 CO_2 也会被再次储存,不过要比现在的存储速度更快。碳汇将这些被释放的气体吸收,并将其长时间存储。碳就这样再次被储存在岩石圈、海洋、土壤、大气、生物圈和生物量中[8]。

有许多测量碳存储的传统方法,但这些方法覆盖范围有限、成本高且复杂,这些限制使其难以准确量化和监测碳的排放,而遥感技术可以克服这种测量和监测的局限性[10]。遥感的使用可以满足碳封存的测量要求,如建立永久的样地。绿色、红色和近红外(near-infrared,NIR)波长能够反射包含植物生物量的基本数据[11, 26, 27]。

本章研究的主要目标是使用卫星数据计算碳封存。将整个艾哈迈达巴德地区作为研究区域,其坐标为北纬 23.033863°,东经 72.585022°,位于印度中北部的古吉拉特邦,面积为 8 086 平方千米,地址选择在萨巴马提河岸附近。人口普查数据显示,2022 年艾哈迈达巴德都市城区有 8 550 000 名居民,比 2021 年增长 2.39%。2021 年,有 8 253 000 人定居艾哈迈达巴德的都市区,比 2020 年增长 2.41%。冬季、季风季节和夏季是艾哈迈达巴德的三个主要季节,除了季风季节外,其他季节气候干旱。夏季的最高温度通常为 43 ℃(110°F)~ 24 ℃(75°F),3~6 月是炎热的月份。从 11 月到次年 2 月,中位高温为 30 ℃,平均低温为 13 ℃(55°F)。1 月,来自北方的轻风才会带来一丝凉意。6 月中旬至 9 月中旬的季风季节气候潮湿,平均每年有 800 mm 的降雨[12,13,28,29]。

4.2　材料和方法

4.2.1　材料

中分辨率成像光谱仪因具备 500 m 分辨率而被用于遥感测量。美国国家航空航天泰拉卫星,拥有中分辨率成像光谱仪传感器,是一种扫描测量系统,其 36 个波长通道覆盖了可见光到热红外的光谱[14-16]。波段 1(红色,620~670 nm)、波段 2(近红外,841~876 nm)、波段 3(近红外,841~876 nm)、波段 7 和波段 8(近红外,841~876 nm)是主要用于地表遥感的前几个波段。研究区域的地图是使用中分辨率成像光谱仪(moderate-resolution imaging spectroradiometers,MODIS)波段 1、2 和 7 绘制的[17-19]。美国国家航空航天为研究区域提供了 2021 年和 2022 年 1 月、6 月和 10 月整个艾哈迈达巴德地区的中分辨率成像光谱仪数据。量子地理信息系统 V.30 是用于分析图像和地质信息的程序。本节参考使用了 16 幅 1∶250 000 比例尺的地形图[20-22]。

4.2.2 方法

研究表明,下列方程可以准确地反映植物生物量总净初级产出(net primary productivity,NPP)的增长[23-25]:

$$NPP = APAR×LUE$$

其中,NPP 为净初级生产力;APAR 为吸收的光合有效辐射;LUE 为光利用效率因子。

归一化植被指数(normalized difference vegetation index,NDVI),利用红色(RED)和近红外(NIR)的频率,可以从遥感数据中得到 PAR 和 APAR[19, 20]。

$$NDVI = NIR-RED ／ NIR+RED$$

(归一化植被指数＝近红外-红色／ 近红外+红色)

$$APAR/PAR \sim NDVI$$

(吸收的光合有效辐射/光合有效辐射~归一化植被指数)

生产力是每一个时间步长内生物量生产率的度量:

$$NPP = NDVI×PAR×LUE$$

(净初级生产力＝归一化植被指数×光合有效辐射×光利用效率)

植被面积是通过 250 m 分辨率的中分辨率成像光谱仪泰拉卫星图像获取的,使用了 6 张图片,应用数字图像处理技术处理这些卫星数据,并采用图像处理工具增强和处理卫星数据[21]。1 月的图像显示是冬季,6 月的图像显示是夏季,10 月的图像显示是季风季节。

植被面积的数学提取公式如下。

$$面积(m^2) = 簇的像素数×图像分辨率平方$$
$$Area(ha) = area(m^2)/10,000$$

通过中分辨率成像光谱仪泰拉卫星 250 m 分辨率的传感器拍摄的图片所得的面积(m^2)＝簇像素值×250×250。

所使用的算法以数学方式表示,以下是使用遥感数据计算生物量涉及的理论计算步骤:

$$NDVI = NIR-RED/NIR+RED$$
$$生物量 = NDVI×PAR×LUE$$

FPAR(光合有效辐射分量)估计技术集成光合作用、光吸收、光散射和气孔导度的冠层组合模型。

FPAR 植被指数相关性分析为项目的研究提供了坚实的支撑,FPAR 和 SR 之间的相关性由土地植被覆盖度推导[18]:

自查资料可知:SR(地表反射率)是指地面反射辐射量与入射辐射量之比,表征地面对太阳辐射的吸收和反射能力。

光合有效辐射分量为

$$FPAR_{SR} = \frac{(SR-SR_{min})(FPAR_{max}-FPAR_{min})}{SR_{max}-SR_{min}} + FPAR_{min}$$

其中,$FPAR_{max} = 0.95$;$FPAR_{min} = 0.001$;SR_{max} 和 SR_{min} 分别为植被指数频率分析 SR 值的

98% 和 2% 。SR = (1+NDVI)/(1-NDVI),这就是 SR-FPAR 模型。

以下公式是 NDVI-FPAR 模型,这是一个替代模型。

$$FPAR_{NVDI} = \frac{(NVDI-NVDI_{min})(FPAR_{max}-FPAR_{min})}{NVDI_{max}-NVDI_{min}} + FPAR_{min}$$

$$FPAR = \frac{(FPAR(SR)-FPAR(NVDI))}{2}$$

研究人员对地面测量的 FPAR 与上述模型估计的 FPAR 进行了对比分析,使用中间模型评估了 2021 年和 2022 年的 FPAR。许多植被类型 98% 和 2% 的 NDVI 及相应的 SR 是根据 2021 年至 2022 年 MODIS 植被指数估算的。

$$\varepsilon = \varepsilon^0 \times T_1 \times T_2 \times W (g/MJ)$$

其中 $\varepsilon^0 = 2.5$ g/MJ, T_1 和 T_2 与植物生长的温度适应有关[21]。

4.3 结 果

本研究的研究区域是艾哈迈达巴德地区。记录的结果如表 4.1 所示。目前,我们使用遥感和地理信息系统来计算碳封存,并与 2021 年和 2022 年进行比较。2021 年冬季植被生物量估计为 163 442 kg/ha,夏季为 169 559 kg/ha,季风季节为 242 100 kg/ha。在 2022 年估计期间,该区记录的植被生物量冬季为 190 177 kg/ha,夏季为 111 743 kg/ha,季风季节为 199 139 kg/ha。结果表明,碳汇的估计值较高是在季风季节。将整个场景的像素值加在一起,以计算整个研究现场的碳含量。

表 4.1　关于时间和研究区域的碳封存数据

时间	植被生物量/(kg/ha)	碳封存总量/(t/ha)
2021 年 1 月	163 442	163.442
2021 年 6 月	169 559	169.559
2021 年 10 月	242 100	242.1
2022 年 1 月	190 177	190.177
2022 年 6 月	111 743	111.743
2022 年 10 月	199 139	199.139

4.4 结 论

当前的研究为利用遥感数据进行碳含量计算提供了一个可行性的结果。我们可以通过一次性投资高品质的内置地图生成一个大的研究区域来分析研究结果。研究区域的碳封存总量为 672.6 亿 kg/ha，显然研究区域封存了大量碳。这项研究为进一步的研究打下了基础。农业碳封存减少了温室气体排放，改善了环境质量。因此，碳交易的想法也具有巨大的经济潜力。

农业部门是印度的经济基础[24, 25]。虽然有可用的农业用地，但人们对它在生长季节作为碳汇的能力知之甚少。在综合考虑了所有的因素和质量之后，很明显，目前对碳封存的研究具有重要的科学意义。在全球范围内，特别是印度，需要意识到，除了森林、海洋可以作为碳汇的传统观念外，还有其他碳汇可供选择[18]。为了减轻全球变暖的影响，我们迫切需要增加碳汇模态，以替代森林，因为森林覆盖面积正在迅速消失。

致　　谢

斋浦尔拉贾斯坦邦尼姆斯大学遥感和地理信息系统实验室为本研究提供了实验室空间和动力，作者对此表示感谢。作者很荣幸能够使用美国地质勘探局地球探测器在线平台获取本研究中使用的 MODIS 数据集。

参 考 文 献

［1］ Houghton, R. A., Converting terrestrial ecosystems from sources to sinks of carbon. *Ambio*, 25, 4, 267-272, 1996.

［2］ Arias, D., Calvo-Alvarado, J., Richter, D. de B, Dohrenbusch, A., Productivity, aboveground biomass, nutrient uptake and carbon content in fast-growing tree plantations of native and introduced species in the Southern Region of Costa Rica. *Biomass Bioenergy*, 35, 5, 1779-1788, May 2011.

［3］ MacDicken, K. G., A guide to monitoring carbon storage in forestry and agroforestry projects, Winrock International Institute for Agricultural Development, Forest Carbon Monitoring Program, 1997. ［Online］ Available：https：//www. osti. gov/biblio/362203

［4］ Arya, A., Shalini Negi, S., Kathota, J. C., Patel, A. N., Kalubarme, M. H., Garg, J. K., Carbon sequestration analysis of dominant tree species using geoinformatics technology in Gujarat State (INDIA). *International Journal of Environment Geo-informatics* (*IJEGEO*), 4, 2, 79-93, May 2017.

［5］ Anaya, J. A., Chuvieco, E., Palacios-Orueta, A., Aboveground biomass assessment in Colombia：A remote sensing approach. *For. Ecol. Manag.*, 257, 4, 1237-1246, 2009.

［6］ Sellers, P. J. et al., Remote sensing of the land surface for studies of global change：Models—Algorithms—Experiments. *Remote Sens. Environ.*, 51, 1, 3-26, Jan. 1995.

［7］ Deng, S., Shi, Y., Jin, Y., Wang, L., A GIS-based approach for quantifying and mapping carbon sink and stock values of a forest ecosystem: A case study. *Energy Procedia*, 5, 1535−1545, 2011.

[8] Bindu, G., Rajan, P., Jishnu, E. S., Ajith Joseph, K., Carbon stock assessment of mangroves using remote sensing and geographic information system. *The Egyptian Journal of Remote Sensing and Space Science (EJRS)*, 23, 1, 1−9, Apr. 2020.

[9] Goward, S. N. and Huemmrich, K. E., Vegetation canopy PAR absorptance and the normalized dit erence vegetation index: An assessment using the SAIL model. *Remote Sens. Environ.*, 39, 2, 119−140, 1992, https://10.1016/0034-4257(92)90131−3.

[10] Pareta, D. K. and Pareta, U., Forest carbon management using satellite remote sensing techniques a case study of sagar district (M. P.). *Int. Sci. Res. J.*, 4, 14, 2011.

[11] Frazao, L. A., Silva, J. C., Silva-Olaya, A. M., CO_2 Sequestration, IntechOpen, 2020 [cited 2022 Sep 25]. Available from: https://www.intechopen.com/books/co2-sequestration/introductory-chapter-co-sub-2-sub-sequestration

[12] Wikipedia contributors. (2023, June 16). Ahmedabad. In Wikipedia, The Free Encyclopedia. Retrieved 19:07, June 17, 2023, from https://en.wikipedia.org/w/index.php? title = Ahmedabad&oldid=1160451925

[13] Wikipedia contributors. (2023, June 16). Ahmedabad. In Wikipedia, The Free Encyclopedia. Retrieved 19:07, June 17, 2023, from https://en.wikipedia.org/w/index.php? title = Ahmedabad&oldid=1160451925

[14] Olofsson, P., Eklundh, L., Lagergren, F., Jönsson, P., Lindroth, A., Estimating net primary production for Scandinavian forests using data from Terra/MODIS. *Advances in Space Research (ASR)*, 39, 1, 125−130, Jan. 2007.

[15] Zhao, M., Running, S., Heinsch, F. A., Nemani, R., MODIS−derived terrestrial primary production, in: *Land Remote Sensing and Global Environmental Change*, vol. 11, B. Ramachandran, C. O. Justice, M. J. Abrams (Eds.), pp. 635−660, Springer New York, NY, 2010.

[16] Hassan, Q. K., Spatial mapping of growing degree days: An application of MODIS-based surface temperatures and enhanced vegetation index. J. *Appl. Remote Sens.*, 1, 1, 013511, Apr. 2007.

[17] Liu, J. et al., Crop yield estimation in the canadian prairies using Terra/MODIS-derived crop metrics. *IEEE J. Sel. Top. Appl. Earth Obs. Remote Sens.*, 13, 2685−2697, 2020.

[18] Zhu, Q. et al., Remotely sensed estimation of net primary productivity (NPP) and its spatial and temporal variations in the greater Khingan Mountain Region, China. *Sustainability*, 9, 7, 1213, Jul. 2017.

[19] Asrar, G., Fuchs, M., Kanemasu, E. T., Hatfield, J. L., Estimating absorbed photosynthetic radiation and leaf area index from spectral reflectance in wheat 1. *Agron.* J., 76, 2, 300−306, Mar. 1984.

［20］ Sanjeevi, R. , Rathod, A. B. , Sathvara, P. B. , Tripathi, A. , Anuradha, J. , Tripathi, S. , Vegetational cartography analysis utilizing multi-temporal ndvi data series: A case study from rajkot district (GUJARAT), India. *Tianjin Daxue Xuebao (Ziran Kexue yu Gongcheng Jishu Ban)/ J. Tianjin Univ. Sci. Technol.* , 55, 04, 490-497, 2022.

［21］ Field, C. B. , Randerson, J. T. , Malmström, C. M. , Global net primary production: Combining ecology and remote sensing. *Remote Sensing of Environment (RSE)*, 51, 1, 74-88, Jan. 1995.

［22］ Supriya Devi, L. and Yadava, P. S. , Aboveground biomass and net primary production of the semi-evergreen tropical forest of Manipur, north-eastern India. *J. For. Res.* , 20, 2, 151-155, Jun. 2009.

［23］ Kumar, S. , Rani, S. , Jain, A. , Verma, C. , Raboaca, M. S. , Illés, Z. , Neagu, B. C. , Face spoofing, age, gender and facial expression recognition using advance neural network architecture-based biometric system. *Sens. J.* , 22, 14, 5160-5184, 2022.

［24］ Kumar, S. , Jain, A. , Agarwal, A. K. , Rani, S. , Ghimire, A. , Object-based image retrieval using the U-net-based neural network. *Comput. Intell. Neurosci.* , 2021, 1-14, 2021 Nov 10.

［25］ Kumar, S. , Haq, M. , Jain, A. , Andy Jason, C. , Moparthi, N. R. , Mittal, N. , Alzamil, Z. S. , Multilayer neural network based speech emotion recognition for smart assistance. *CMC-Comput. Mater. Contin.* , 74, 1, 1-18, 2022.

［26］ Bhola, A. and Singh, S. , Visualization and modeling of high dimensional cancerous gene expression dataset. *J. Inf. Knowl. Manag.* , 18, 01, 1950001-22, 2019.

［27］ Bhola, A. and Singh, S. , Gene selection using high dimensional gene expression data: An appraisal. *Curr. Bioinform.* , 13, 3, 225-233, 2018.

［28］ Rani, S. , Gowroju, Kumar, S. , IRIS based recognition and spoofing attacks: A review, in: *10th IEEE International Conference on System Modeling & Advancement in Research Trends (SMART)*, December 10-11, 2021.

［29］ Swathi, A. , Kumar, S. , Venkata Subbamma. , T. , Rani, S. , Jain, A. , Ramakrishna Kumar, M. V. N. M. , Emotion classification using feature extraction of facial expression, in: *The International Conference on Technological Advancements in Computational Sciences (ICTACS-2022)*, pp. 1-6, Tashkent City Uzbekistan, 2022.

第 5 章 多模态生物识别系统的应用

Shivalika Goyal[1,2],Amit Laddi[1*]

摘要

多模态生物识别系统(multimodel biometric systems,MBS)是单模态生物识别系统(unimodal biometric system,UBS)一个广泛而重要的版本,提供更高的数据保密性、安全性、识别性、身份验证、速度和可靠性。在设计、处理和执行使用两个或多个不同生物识别系统之间的融合技术时,多模态生物识别系统中的标准是至关重要的。在多模态生物识别系统中,组件排列遵循指定的程序,从而以高精度和高信息量传达最终决策。在多模态生物识别系统中使用的最重要的两个模态是生理和行为,包括面部、虹膜、指纹、手掌、步态、DNA、声音等,具体模态的选择取决于取样方法。多模态生物识别系统中作为一个研究、工业和家庭应用的个体,在科学领域得到了广泛应用。未来,多模态生物识别系统中可能会推动新的和更高的数据身份验证及实现范围。

关键词:多模态生物识别系统;数据安全和身份认证;组件;模态;应用程序

5.1 引 言

多模态生物识别系统致力于从两个或多个生物特征输入系统中提取信息。

多模态生物识别系统中增加了从输入源获取认证信息的多样性,具有比单一生物识别系统更高的数据精度和更多的灵活性。单模态生物识别系统必须应对一些挑战,如缺乏保密性、用户数据样本的不通用性,以及用户舒适度和处理系统的自由度,如数据欺骗、伪造等。多模态生物识别系统通过单模态生物识别系统提供了一个数据安全参数[1,2]。多模态生物识别系统中融合了所有使用系统的决策,然后提出一个解决方案、结果或者结论。这就是多模态生物识别系统中更准确、安全的原因。多模态生物识别系统中的工作包括捕获模块、特征识别和提取模块、比较分析模块和决策/结论模块[3-5]。此外,它使用数据融合技术将来自两个或多个不同输入源的数据组合起来,如图 5.1 所示,这些数据可以在任何层次

---

* 通讯作者,邮箱: amitladdi@csio.res.in。

1. 生物医学应用,印度科学与工业研究理事会中央科学仪器组织,昌迪加尔,印度。

2. 科学与创新研究院,加济阿巴德,北方邦,印度。

上进行,如特征提取、实时样本比较和决策模块等。

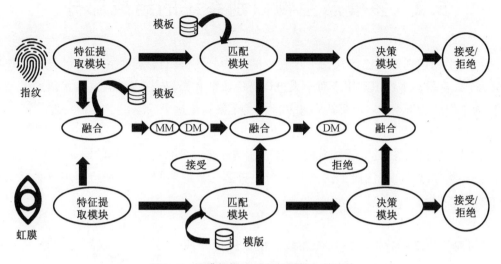

图 5.1 虹膜与指纹打印数据输入的融合

5.1.1 有效的多模态生物识别系统的基准

在实施一个有效的多模态生物识别系统[6,7]时,研究人员会经常讨论以下七个基本标准。

1. 唯一性

唯一性是制作有效多模态生物识别系统的主要标准,其确保了生物识别系统可以从一组用户或数据中检测到特定的用户。

2. 通用性

通用性是有效多模态生物识别系统的次要标准,其决定了居住在这个世界上的每个人对独特特征的需求。

3. 持久性

持久性表示数据库系统在一定时间内记录的个人特征的一致性。

4. 可收集性

可收集性决定了从广泛的用户中进一步获得或处理数据/特征的容易程度。

5. 性能

性能从故障管理、检查周期和广度等方面定义了生物识别系统的准确性和有效性。

6. 可接受性

可接受性决定了用户对生物识别系统的舒适度,或者个人/用户在数据捕获、访问、共享和存储方面接受该技术的容易程度和速度。

7. 规避

规避定义了可能使用外部元素或工件来复制/伪造特征/数据/参数的容易程度。

5.2 多模态生物识别系统的组成部分

目前,生物识别系统已经成为一个独立的科学分支,其目标是使用精确的技术来连接或识别个人身份。生物识别用于对个人进行身份认证和授权[7]。然而,这些术语通常被分组,因为它们的意思不同。以下用一些实际的例子来讨论这个问题。

1. 身份识别

身份识别过程试图建立预加载的问题,"你是你在这个系统上声称的同一身份,还是我知道你,还是你已经向我注册了?"这是一个一对多的数据匹配、比较和检测用户数据与存储数据库的过程。

2. 验证

验证是用户使用数据库中预先加载的模板进行处理的实时样本匹配的一对一过程。如果两个数据集的可信度都超过70%,则认为验证是成功的[8,9]。

3. 授权

授权包括为被验证的人员/用户指定访问权限,它试图找到这个问题的答案,"你是否合法或有资格拥有访问此数据或资源的特定权利?"

一个多模态生物识别系统中被分为四个基本的组成部分,如图5.2所示[10]。

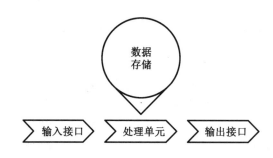

图 5.2 MBS 的基本组件

5.2.1 数据存储

数据存储组件能够存储并保存用户注册时收集的样本/数据,以供系统访问。在身份验证过程中调用数据集,以执行用户是否可以访问系统的简单匹配检查。需要一个外部输入设备将用户数据输入数据库以备检查,如指纹扫描仪、非接触式智能卡等。

5.2.2 输入接口

输入接口组件被称为多模态生物识别系统中的感测元件,它可以改变或数字化用户的生物或行为数据,例如,用于指纹扫描仪的光学传感器和语音检测的麦克风等。

5.2.3 处理单元

处理单元组件可以称为微处理器、数字微处理器或计算设备,用于处理从输入传感器进行适当数字化后获得的数据,其中包括样本增强/优化、图像归一化、特征提取和比较模块。

5.2.4 输出接口

多模态生物识别系统中的输出接口组件提供由生物识别系统领导的决策,以启用/禁用/锁定用户进行数据/资源访问。该接口可以是射频、无线射频识别(radio frequency identification devices,RFID)、蓝牙或任何其他输出显示设备。

5.3 生物识别模态

生物识别模态被定义为多模态生物识别系统中的一个类别,它以从用户/人类那里收集的数据或特征的类型作为输入。生物识别学是巨大的数学。因此,更多的数据可用性促进了其独特性和可靠性,使其能够使用多种模态来衡量用户的特征和行为模态[11-13]。这些模态通常是根据用户的生物学或行为特征来区分的[14,15]。基于基本人类数据因素的两种生物特征模态是生理生物特征模态和行为生物特征模态[12,13,16,17],见表5.1。生物特征验证器的检查示例如图5.3所示。

表 5.1 生物特征模态的类型及示例

生理生物特征模态	行为生物特征模态
与人体/使用者身体的形状、大小、颜色和物理方面有关	与特定时期内人类/用户行为的变化有关
面部、虹膜、指纹等	例如,声音、步态等

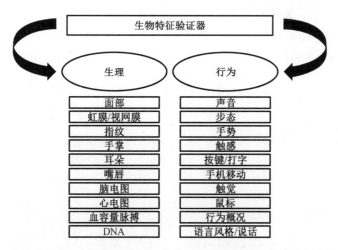

图 5.3 多模态生物识别系统中用作生物识别模态的生物特征验证器的检查示例

5.4 多模态生物识别系统的应用

随着多模态生物识别系统作为一个独立科学分支的发展,这项技术被广泛应用于各个领域。从用户的日常生活中使用多模态生物识别系统开始,它几乎在每个数字设备/模块中都被大规模地应用,以对用户、数据、访问、命令系统等进行身份验证[11,18]。下面我们详细讨论一下多模态生物识别系统的应用领域,以便进一步理解。

5.4.1 多模态生物识别系统在法医学中的应用

异常多样的犯罪活动吸引了法医学中高效多模态生物识别系统的使用,以根据其生理和行为活动来检测非法和相关活动。在法医领域,由于需要以技术术语来呈现事实以证明犯罪,因此生理数据识别是首选。多模态生物识别系统是法医学中一个很好的取证工具,它可以通过罪犯有意/无意在犯罪地点或区域留下的痕迹来确定这些罪犯[19]。表5.2讨论了在取证中使用的主要多模态生物识别系统。

表 5.2 不同类型的生物识别认证器及示例

认证器类型	说明	示例
指纹生物识别	指尖表面呈现出山脊和山谷的图案	美国联邦调查局的综合自动指纹识别系统包括犯罪历史、自动指纹搜索功能、图像存储等
面部生物识别	根据现有图像或视频使用面部模态识别/检测人员	国际刑警组织的面部识别系统是全球一个独特的犯罪数据库,它包括来自大约179个国家的模型图像
DNA 生物识别	涉及 DNA 模态链的识别普遍在每种生物中都是独特的	美国联邦调查局的联合 DNA 指数系统帮助法医实验室处理地方、州和政府层面的犯罪检测活动
掌纹生物识别	识别山脊和山谷的完整手部模态,比指纹识别更具特色	NEC 和 PRINTRAK 公司开发了一种用于各种犯罪相关应用的掌纹图像捕捉高清识别系统
虹膜生物识别	识别人眼虹膜的独特模态	英国联邦政府的虹膜识别移民系统,适用于国际旅行者的现场身份证检测
声音生物识别	通过将声波数字化来识别声音,是人类检测的一个重要模态	AGNITIO 的语音识别技术在超过35个国家应用,主要用于犯罪识别和语音验证

除了多模态生物识别系统的生理模态外,还有行为模态,如增益生物识别、气味、耳朵、牙齿、击键、嘴唇、笔迹、签名等。生物识别作为一种有效的多模态生物识别系统,在法医学中也发挥着重要作用。例如,美国的 Michael Nirenberg 和 Christine Miller 博士经常使用法

医步态分析进行犯罪检测[20,21]。

5.4.2 多模态生物识别系统在政府中的应用

多模态生物识别系统在政府中的应用具有多重优势。在政府数据认证、国防系统、识别系统、公共数据存储和身份认证系统方面,MBS 的使用越来越普遍[22,23]。多模态生物识别系统在政府中应用的一些重要例子如下。

1. 印度统一身份识别局开发了国民身份证 AADHAR,该卡将印度居民的指纹、虹膜和面部等生理数据保存在一个数据库系统中。应用户和服务提供商的要求,对电信服务、服务订阅、国家和中央部门之间的政府公共互联网认证等方面的各种操作进行认证[24,25]。

2. 美国联邦政府在生物识别选民登记系统中使用多模态生物识别系统进行伪造免费选举和生物识别监狱管理,用于囚犯的数据管理,如考勤系统、进出牢房的时间等[26,27]。

3. 一些国家将生物识别边境控制和军事基地管理系统作为一种实用的多模态生物识别系统工具,以提高国家安全。例如,在边境和机场识别国际旅客,减少非法出入境,保护武器和弹药安全,在国防系统的军事行动中进行文件保密[28-31]。

4. 印度政府下属的 Aushman Bharat 数字任务为公众开发了 ABHA 系统,以创建一个包含个人医疗保健数据的 ABHA 卡,如医疗条件、媒体公告等[32]。此外,印度政府在电子区数字任务中使用生物识别认证系统,开展公众的日常操作,如使用指纹认证取款、驾驶证申请、护照申请处理、使用指纹和面部识别的在线 KYC 等[33]。

5.4.3 多模态生物识别系统在企业解决方案和网络基础设施中的应用

在企业解决方案中,手动跟踪员工的出勤率及其超时时间是非常复杂和耗时的。生物识别认证系统通过将虹膜、指纹、面部和智能卡的混合使用过程进行数字化,解决了这个问题。在公共领域,当前技术完全由易于访问的数据、设备和服务等多模态生物识别系统工具指定[34-36]。根据 VISA 的一项调查,75%的手机用户更喜欢通过指纹认证来解锁手机和访问被锁定的应用程序和服务,而不是手动输入密码。为了保持高科技公司尽可能高的安全标准,他们需要在其系统中获取如时间和考勤、访问控制和客户服务参数的多模态生物识别系统,如通过交互式语音应答(interactive voice response,IVR)进行的客户认证等。为了在员工中推广远程工作空间,特别是在 IT 部门的公司中,多模态生物识别系统在 IT 技术人员访问他们最后保存的工作或在全球各地远程工作时使用云服务至关重要[37,38]。网络安全系统使用多模态生物识别系统为用户的数据进行加密,以保护用户的隐私。在网络基础设施中,笔记本电脑、Wi-Fi 打印机和台式机等设备使用多模态生物识别系统来验证服务器和客户端之间的数据。在教育部门,教师和学生出勤系统由于节省成本、省时、有效、准确而被广泛使用[39-41]。

5.4.4 多模态生物识别系统在商业中的应用

为了方便公众在日常生活中操作设备和技术,多模态生物识别系统成为一个广泛应用的工具。市场上的智能设备,如智能手机和智能电视,使多模态生物识别系统在公众手中成为日常使用工具。一些商业应用的例子包括银行、金融、航空、汽车、家庭安全等[42,43]。图 5.4 列出了相关的应用程序。

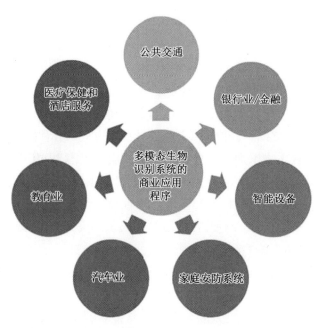

图 5.4 以多模态生物识别系统为工具的商业应用程序

1. 公共交通

多模态生物识别系统在地铁和航空公司中起着重要的作用。在地铁上，RFID 卡提供收费和入口钥匙，以防止不符合条件的人进入。在航空领域，移民当局使用人脸数据来检测护照和签证的真实性[44]。此外，护照上的签名数据可以表明国内的伪造和非法材料运输。航空领域的多模态生物识别系统正在通过提高安全性、非接触式乘客体验和使用更少的文件处理快捷旅行来改善航空旅行的未来[45-47]。在许多国家，特别是在伦敦，一种基于立方生物识别的票务系统被用于乘坐公共汽车旅行，该系统可以让乘客避免线下预订票务的麻烦[48-51]。

2. 银行业/金融

无论是线下还是线上，多模态生物识别系统几乎是所有银行业务的关键系统。美国的社会安全号码、印度的 Aadhar KYC 等数字用户就是很好的例子。使用指纹认证修改或更新客户数据在银行业有着广泛的应用。销售点通过银行在两国之间进行网上资金汇款的验证过程，也是多模态生物识别系统的一个用例[48,49]。现在可以通过使用多模态生物识别系统作为一种工具来使用保存在政府服务器上的数据进行贷款、信用卡、开户等。投资于股票市场、债务市场、房地产基金等金融产品，只能通过先进的多模态生物识别系统等数字方式实现，并使用人口统计数据进行销售点验证[52-55]。

3. 智能设备

智能设备，如 Apple HomePod、亚马逊 Alexa、智能手机、智能电视、无线打印机、笔记本电脑等，都是使用多模态生物识别系统技术验证用户期望访问的日常级别设备[51]。智能手机使用指纹传感器、虹膜检测[52]、虹膜中心定位[53]和面部识别技术,通过替换密码作为工具来解锁和访问多级应用程序。无线打印机和笔记本电脑也使用相同的多模态生物识别系统来控制和访问合法用户。智能手表检测手的脉搏率,以产生用户的心率、氧饱和度和压力水平的数据,为多模态生物识别系统的应用添加一个新产品。像 Apple HomePod 和亚马逊 Alexa 这样的人工智能系统使用语音识别系统来识别和响应主要注册用户使用的声音[56-58]。

4. 家庭安防系统

家庭安防系统与多模态生物识别系统相结合,为房屋提供比传统安全措施更好的安全解决方案。室内的 PCZ 摄像机检测运动,是步态生物识别技术的一个例子。这些摄像头可以自动向入侵者的移动方向移动。现代门锁嵌入了指纹、手掌和虹膜检测系统,比传统的锁和钥匙方法更安全[55]。智能射频识别系统(radio frequency identification system,RFIDs)也被用于企业群体的房屋安全。此外,为了保证资金安全,智能保险箱使用指纹和视网膜生物识别技术来打开和关闭,具有强大的安全性和报警功能[59-62]。

5. 汽车业

由塔塔汽车公司、起亚汽车公司、宝马、特斯拉等开发的智能汽车,高度使用多模态生物识别系统作为数字访问和处理的工具。现代数字钥匙取代了传统的汽车钥匙,现代数字钥匙使用射频识别来进行检测识别并进行驾驶员认证。除此之外,智能车辆在倒车或停车时,还使用摄像头和红外线来确定汽车附近或周围的物体。由特斯拉和塔塔开发的汽车使用指纹认证进行发动机点火和关闭。车辆使用像 CarPlay 这样的语音识别系统来响应扬声器关于接收电话、播放音乐、导航等的命令,这在驾驶过程中非常有用,因为它可防止手动使用该系统导致对道路视线的干扰[63-66]。有些车辆在转向系统上有脉冲探测器,测量驾驶员在驾驶时的氧饱和度和疲劳水平,并传达驾驶员的状况,如压力或醉酒,以决定是否继续驾驶,这对防止事故非常有帮助[58,59]。

6. 教育业

处理教师和学生的出勤系统是多模态生物识别系统应用的另一个重要方面,它可以解决手工统计身份卡的麻烦,有助于节省大量时间[67-69]。此外,学生还可以以可控的方式进入场地的某些区域,如图书馆、体育场馆、健身房、食堂等。这也消除了丢失学生和教师身份卡的风险。使用多模态生物识别系统认证是安全和快速的,并且可以有效解决身份卡被出借和替换的可能。COVID-19 后开办的学校、大学和学院实施无现金餐饮系统,通过人脸和虹膜的生物特征认证提供非接触式服务;消费数据也可以实时保存到他们的分类账户中[60]。

7. 医疗保健和酒店服务

多模态生物识别系统正在以更广泛的方式促进医疗保健设施的不断进步。数据处理、患者管理系统、健康跟踪和床/病房分配正在使用多模态生物识别系统作为一种工具进行操作和管理。CK Birla 和富通医疗保健等医院的患者登记正在通过指纹进行认证,以从有关当局管理的数据库中召回他们的人口统计、地址和个人数据。此外,保险公司正在通过生物识别认证从医院获取健康状况,并进行更新,以简化报销结算流程[61-63]。监测癌症患者的有关药物获取情况,以跟踪他们出于什么原因购买了哪些类固醇药物。由企业诊断实验室开发的集成图像处理和共享系统使用安全通道来共享健康报告、数据,并注入生物识别安全的私人图像,医生的数据可以只在诊断中心、相关医生和患者之间传输,以保持安全性[70-72]。

在酒店行业,酒店使用 RFID 卡作为客人的检测工具,让他们可以进入大楼的电梯、游泳池、健身房和房间。一些高档品牌的酒店使用指纹和移动设备作为工具,为其现有的忠诚度会员引入了无钥匙签到的概念。酒店支付可以通过与支付服务提供商一起通过生物识别服务来实现自动化。采用指纹和虹膜生物识别技术进行员工管理、员工打卡时间、客房服务履行等工作[73-76]。

5.5 结 论

多模态生物识别系统作为一个个体科学主体的新兴发展方向扩大了更多的研究及其在全球商业实施的范围。多模态生物识别系统比单模态生物识别系统更有效、准确、快速和可靠。在多模态生物识别系统中使用的多模态生物识别方法使其比单模态生物识别系统更有利、更安全、更好。融合两个或两个以上的亚生物特征系统可以提供更简单的用户身份验证,这对数据安全至关重要。如果多模态生物识别系统与遗传算法科学进行深度融合,使用多模态生物识别系统则可以更准确地获取一个人的相关信息。

参 考 文 献

[1] Ross, A. and Jain, A., Information fusion in biometrics. *Pattern Recognit. Lett.*, 24, 13, 2115-2125, 2003.

[2] Sanjekar, P. S. and Patil, J. B., An overview of multimodal biometrics. *Signal Image Process*, 4, 1, 57-64, 2013.

[3] Delac, K. and Grgic, M., A survey of biometric recognition methods. *46th International Symposium Electronics in Marine*, pp. 183-194, 2004.

[4] Jain, A. K., Hong, L., Pankanti, S., Bolle, R., An identity-authentication system using fingerprints. Proc. *IEEE*, 85, 9, 1365-1388, 1997.

[5] Ross, A., Jain, A. K., Qian, JZ., Information fusion in biometrics, in: *Audio-and Video-Based Biometric Person Authentication*, pp. 354-359, Springer, Berlin, 2001.

[6] Basha, A. J., Efficient multimodal biometric authentication using fast finger-print verification and enhanced iris features. *J. Comput. Sci.*, 7, 5, 698-706, 2011.

[7] Sivadas, S., A study of multimodal biometric system. *Int. J. Res. Eng Technol.*, 03, 27, 93-98, 2014.

［8］ Sarhan, S., Alhassan, S., Elmougy, S., Multimodal biometric systems: A comparative study. *Arab. J. Sci. Eng.*, 42, 2, 443–457, 2017.

［9］ Choras, R. S., Multimodal biometrics for person authentication, in: *Security and Privacy From a Legal, Ethical, and Technical Perspective*, IntechOpen, London, UK, 2020.

［10］ Sanjekar., P. S. and Patil., J. B., An overview of multimodal biometrics. *Signal Image Process*, 4, 1, 57–64, 2013.

［11］ Anwar, A. S., Ghany, K. K. A., Elmahdy, H., Human ear recognition using geometrical features extraction. *Procedia Comput. Sci.*, 65, 529–537, 2015.

［12］ Bibi, K., Naz, S., Rehman, A., Biometric signature authentication using machine learning techniques: Current trends, challenges and opportunities. *Multimed. Tools Appl.*, 79, 1–2, 289–340, 2020.

［13］ Habeeb, A., Comparison between physiological and behavioral characteristics of biometric systems. *J. Southwest Jiaotong Univ.*, 54, 6, 2019.

［14］ Biometric modalities, in: *Biometric User Authentication for it Security*, pp. 33–75, Springer-Verlag, New York, 2006.

［15］ Sasidhar, K., Kakulapati, V. L., Ramakrishna, K., KailasaRao, K., Multimodal biometric systems-study to improve accuracy and performance. *International Journal of Computer Science & Engineering Survey (IJCSES)*, 1, 2, 54–61, 2010.

［16］ Alay, N. and Al-Baity, H. H., Deep learning approach for multimodal biometric recognition system based on fusion of iris, face, and finger vein traits. *Sensors*, 20, 19, 5523, 2020.

［17］ Benaliouche, H. and Touahria, M., Comparative study of multimodal biometric recognition by fusion of iris and fingerprint. *Sci. World J.*, 2014, 1–13, 2014.

［18］ Kakkad, V., Patel, M., Shah, M., Biometric authentication and image encryption for image security in cloud framework. *Multiscale and Multidisciplinary Modeling, Experiments and Design*, 2, 4, 233–248, 2019.

［19］ Kebande, V. R., A framework for integrating multimodal biometrics with digital forensics. *International Journal of Cyber-Security and Digital Forensics (IJCSDF)*, 4, 4, 498–507, 2015.

［20］ Saini, M. and Kumar Kapoor, A., Biometrics in forensic identification: Applications and challenges. *J. Forensic Med.*, 1, 2, 1–6, 2016.

［21］ Jain, A. K. and Ross, A., Bridging the gap: Biometrics to Forensics. *Philos. Trans. R. Soc B: Biol. Sci.*, 370, 1674, 20140254, 2015.

［22］ Singh, P., Morwal, P., Tripathi, R., Security in e-governance using biometric. *Int. J. Comput. Appl.*, 50, 3, 16–19, 2012.

［23］ Scott, M., Acton, T., Hughes, M., An assessment of biometric identities as a standard for e-government services. *International Journal of Services and Standards (IJSS)*, 1, 3, 271, 2005.

［24］ Anand, N. , New principles for governing Aadhaar: Improving access and inclusion, privacy, security, and identity management. *Journal of Science Policy & Governance* (*JSPG*), 18, 01, 2021.

［25］ Pali, I. , Krishna, L. , Chadha, D. , Kandar, A. , Varshney, G. , Shukla, S. , A comprehensive survey of aadhar and security issues, in: *Cryptography and Security*, *Cornell Edu*, New York, arXiv:2007.09409, 2020.

［26］ Ansolabehere, S. and Konisky, D. M. , The introduction of voter registration and its effect on turnout. *Polit. Anal.*, 14, 1, 83−100, 2006.

［27］ Srikrishnaswetha, K. , Kumar, S. , Ghai, D. , Secured electronic voting machine using biometric technique with unique identity number and I. O. T, in: *Innovations in Electronics and Communication Engineering*, pp. 311−326, Springer, Singapore, 2020.

［28］ Gold, S. , Military biometrics on the frontline. *Biom. Technol. Today*, 2010, 10, 7− 9, 2010.

［29］ Deny, J. and Sivasankari, N. , Biometric security in military application. *Procedia Eng.*, 38, 1138−1144, 2012.

［30］ Khan, N. and Efthymiou, M. , The use of biometric technology at airports: The case of customs and border protection (C. B. P.). *Int. J. Inf. Manag. Data Insights*, 1, 2, 100049, 2021.

［31］ Liu, Y. , Scenario study of biometric systems at borders. *Computer Law & Security Review* (*CLSR*), 27, 1, 36−44, 2011.

［32］ Shrisharath, K. , Hiremat, S. , Nanjesh Kumar, S. , Rai, P. , Erappa, S. , Holla, A. , A study on the utilization of Ayushman Bharat Arogya Karnataka (ABArK) among COVID patients admitted in a tertiary care hospital. *Clin. Epidemiol. Glob. Health*, 15, 101015, 2022.

［33］ Sriee, G. V. ,. V. and Maiya, G. R. , Coverage, utilization, and impact of Ayushman Bharat scheme among the rural field practice area of Saveetha Medical College and Hospital, Chennai. *J. Family Med. Prim. Care*, 10, 3, 1171,2021.

［34］ Diwakar, M. , Kumar Patel, P. , Gupta, K. , Tripathi, A. , An impact of biometric system applications services on the biometric service market. *Int. J. Comput. Appl.*, 76, 13, 8−13, 2013.

［35］ Kloppenburg, S. and van der Ploeg, I. , Securing identities: Biometric technologies and the enactment of human bodily differences. *Sci. Cult.* (*Lond*), 29, 1, 57−76, 2020.

［36］ Laddi, A. and Prakash, N. R. , Eye gaze tracking based directional control interface for interactive applications. *Multimed. Tools Appl.*, 78, 22, 31215−31230, 2019.

［37］ Bagga, P. , Mitra, A. , Das, A. K. , Vijayakumar, P. , Park, Y. , Karuppiah, M. , Secure biometric-based access control scheme for future IoT-enabled cloud-assisted video surveillance system. *Comput. Commun.*, 195, 27−39, 2022.

[38] Yang, W., Wang, S., Sahri, N. M., Karie, N. M., Ahmed, M., Valli, C., Biometrics for internet-of-things security: A review. *Sensors*, 21, 18, 6163, 2021.

[39] Guennouni, S., Mansouri, A., Ahaitouf, A., Biometric systems and their applications, in: *Visual Impairment and Blindness-What We Know and What We Have to Know*, IntechOpen, London, UK, 2020.

[40] Selvam, V. and Gurumurthy, S., Design and implementation of biometrics in networks. *J. Technol. Adv. Sci. Res.*, 1, 3, 226–234, 2015.

[41] Sanchez-Reillo, R., Heredia-da-Costa, P., Mangold, K., Developing standardized network-based biometric services. *I. E. T. Biom.*, 7, 6, 502–509, 2018.

[42] Prabhakar, S. and Bjorn, V., Biometrics in the commercial sector, in: *Handbook of Biometrics*, pp. 479–507, Springer US, Boston, MA, 2008.

[43] Hernandez-de-Menendez, M., Morales-Menendez, R., Escobar, C. A., Arinez, J., Biometric applications in education. *International Journal on Interactive Design and Manufacturing (IJIDeM)*, 15, 2–3, 365–380, 2021.

[44] Teodorovic, S., The role of biometric applications in air transport security. *Nauka, Bezbednost, Policija*, 21, 2, 139–158, 2016.

[45] Khan, N. and Efthymiou, M., The use of biometric technology at airports: The case of customs and border protection (C. B. P.). *Int. J. Inf. Manag. Data Insights*, 1, 2, 100049, 2021.

[46] Mahfouz, K., Rameshi, S. M., Rafat, M., Elsayed, M., Sheikh, M., Zidan, H., Route mapping and biometric attendance system in school buses. *2020 Advances in Science and Engineering Technology International Conferences (ASET)*, pp. 1–4, 2020.

[47] Balu Kothandaraman, A., Raja, K., Thamaraiselvi, G., Prabha, R., Narasimman, V., Biometrics based bus ticketing system, in: *International Conference on Technological Innovations in Electronics and Management*, Aurangabad, India, 2018.

[48] Banga, L. and Pillai, S., Impact of behavioural biometrics on mobile banking system. *J. Phys. Conf. Ser.*, 1964, 6, 062109, 2021.

[49] Hosseini, S. S. and Mohammadi, D., Review banking on Biometrics in the world's banks and introducing a biometric model for Iran's banking system. *JBASR*, 2, 9152–9160, 2012.

[50] Morake, A., Khoza, L. T., Bokaba, T., Biometric technology in banking institutions: 'The customers' perspectives'. S. A. *Journal of Information Management (SAJIM)*, 23, 1, 12, 2021.

[51] Kim, Y. G., Shin, K. Y., Lee, W. O., Park, K. R., Lee, E. C., Oh, C., Lee, H., *Multimodal biometric systems and its application in smart T. V*, pp. 219–226, Springer, Berlin, 2012.

[52] Laddi, A. and Prakash, N. R., Comparative analysis of unsupervised eye centre

localization approaches. *2015 International Conference on Signal Processing, Computing and Control (ISPCC)*, pp. 190−193, 2015.

[53] Laddi, A. and Prakash, N. R., An augmented image gradients based supervised regression technique for iris centre localization. *Multimed. Tools Appl.*, 76, 5, 7129 − 7139, 2017.

[54] Noh, N. S. M., Jaafar, H., Mustafa, W. A., Idrus, S. Z. S., Mazelan, A. H., Smart home with biometric system recognition. *J. Phys. Conf. Ser.*, 1529, 4, 042020, 2020.

[55] Saravanan, K., Saranya, C., Saranya, M., A new application of multimodal biometrics in home and office security system. *Cryptog. Security*, arXiv:1210.2971, Cornell Edu, New York, 2012.

[56] Manzoor, S. I. and Selwal, A., An analysis of biometric based security systems. *2018 Fifth International Conference on Parallel, Distributed and Grid Computing (PDGC)*, pp. 306−311, 2018.

[57] Ćatović, E. and Adamović, S., Application of biometrics in automotive industry-case study based on iris recognition. *Proceedings of the International Scientific Conference-Sinteza 2017*, pp. 44−49, 2017.

[58] Villa, M., Gofman, M., Mitra, S., *Survey of biometric techniques for automotive applications*, pp. 475−481, Springer, Cham, 2018.

[59] Kiruthiga, N., Latha, L., Thangasamy, S., Real time biometrics based vehicle security system with G. P. S. and GSM technology. *Procedia Comput. Sci.*, 47, 471−479, 2015.

[60] Hernandez-de-Menendez, M., Morales-Menendez, R., Escobar, C. A., Arinez, J., Biometric applications in education. *International Journal on Interactive Design and Manufacturing (IJIDeM)*, 15, 2−3, 365−380, 2021.

[61] Kumar, S., Rani, S., Jain, A., Verma, C., Raboaca, M. S., Illés, Z., Neagu, B. C., Face spoofing, age, gender and facial expression recognition using advance neural network architecture-based biometric system. *Sens. J.*, 22, 14, 5160−5184,2022.

[62] Kumar, S., Jain, A., Agarwal, A. K., Rani, S., Ghimire, A., Object-based image retrieval using the u-net-based neural network. *Comput. Intell.* Neurosci., 2021, 1 − 14, 2021.

[63] Fatima, K., Nawaz, S., Mehrban, S., Biometric authentication in health care sector: A survey. *2019 International Conference on Innovative Computing (ICIC)*, pp. 1 − 10, 2019.

[64] Mason, J., Dave, R., Chatterjee, P., Graham-Allen, I., Esterline, A., Roy, K., An investigation of biometric authentication in the healthcare environment. *Array*, 8, 100042, 2020.

[65] Nigam, D., Patel, S. N., Raj Vincent, P. M. D., Srinivasan, K., Arunmozhi, S., Biometric authentication for intelligent and privacy-preserving healthcare systems. *J.*

Healthc. Eng., 2022, 1-15, 2022.

[66] Mustra, M., Delac, K., Grgic, M., Overview of the DICOM standard. *IEEE*, 1, 39-44, 2008.

[67] Bidgood, W.D., Horii, S.C., Prior, F.W., van Syckle, D.E., Understanding and using DICOM, the data interchange standard for biomedical imaging. *Journal American Medical Informatics Association (JAMIA)*, 4, 3, 199-212, 1997.

[68] Kumar, S., Rani, S., Laxmi, K.R., *Artificial intelligence and machine learning in 2D/3D medical image processing*, First edition, CRC Press, Boca Raton, C.R.C. Press, 2021, 2020.

[69] Ko, C.-H., Tsai, Y.-H., Chen, S.-L., Wang, L.-H., Exploring biometric technology adopted in the hotel processes. *Biotechnology (Faisalabad)*, 13, 4, 165-170, 2014.

[70] Abd Al Qawi, A., The possibility of applying biometric safety technology in egyptian hotels: "Evaluating customer experience using the T.A.M. Model. *Journal of Assocciation of Arab Universities for Tourism Hospitality (JAAUTH)*, 14, 1, 113-126, 2017.

[71] Prasanna, D.L. and Tripathi, S.L., Machine and deep-learning techniques for text and speech processing, in: *Machine Learning Algorithms for Signal and Image Processing*, IEEE, pp. 115-128, 2023.

[72] Lata Tripathi, S., Dhir, K., Ghai, D., Patil, S. (Eds.,), *Health Informatics and Technological Solutions for Coronavirus (COVID-19)*, 1st ed, CRC Press, Florida, 2021, https://doi.org/10.1201/9781003161066.

[73] Kumar, S., Haq, M., Jain, A., Jason, C.A., Moparthi, N.R., Mittal, N., Alzamil, Z.S., Multilayer neural network based speech emotion recognition for smart assistance. *CMC-Comput. Mater. Contin.*, 74, 1, 1-18, 2022. Tech Science Press.

[74] Bhola, A. and Singh, S., Visualization and modeling of high dimensional cancerous gene expression dataset. *J. Inf. Knowl. Manag.*, 18, 01, 1950001-22, 2019.

[75] Bhola, A. and Singh, S., Gene selection using high dimensional gene expres-sion data: An appraisal. *Curr. Bioinform.*, 13, 3, 225-233, 2018.

[76] Rani, S., Gowroju, S., Kumar, S., IRIS based recognition and spoofing attacks: A review, in: *10th IEEE International Conference on System Modeling & Advancement in Research Trends (SMART)*, December 10-11, 2021.

第6章 多模态协同学习及其在生物特征识别和认证中的应用研究

Sandhya Avasthi[1]*, Tanushree Sanwal[2], Ayushi Prakash[1], Suman Lata Tripathi[3]

摘要

"多模态"是指运用多种通信方式去更好地理解我们的环境,并增强用户的体验。使用多模态数据,我们可以通过包含新的信息和视觉来提供事件或对象的完整图像。由于深度学习算法、计算基础设施和海量数据集的发展,使得单模态应用程序性能的改进成为可能。根据2009年的一项研究,使用多种模态比使用单一模态更有效。该研究解释了单一生物识别方法在安全性和效率方面的局限性。多模态架构是基于不同形式的数据,将如视频、音频、图像和文本这些类型的数据结合起来,用于帮助人们学习和模仿。我们探讨了多种融合不同模态数据的方法。最近研究表明,尖端的深度学习技术在移动设备上的多模态生物识别和认证系统中能够取得了更好的成果。本章解释了多模态协同学习中存在的各种问题、不同的多模态融合方法、现有挑战和未来方向。

关键词:多模态;机器学习;多模态协同学习;语音识别;多模态生物特征识别;深度学习;融合层次

6.1 引　　言

从一开始,人类的认知发展就依赖于多感官、多模态的感知。例如,一个人可以通过视觉和听觉的增强以及语义或句法结构来学习单词的意思。通过多感官体验元素进行的学习,可以进一步应用于模态缺失的情况,如阅读报纸[1-3]。机器学习的一般做法是,在对领域进行尽职尽责的调查后,根据所选择的模态使用单模态信息。然而,更好的方法是,将多模态信息应用于更符合人类认知发展的教育。多模态数据用于学习的应用在本章中称为多模态学习(multimodel colearning,MCI)[4-6]。当然,来自现实世界的非结构化数据可以以

---

* 通讯作者,邮箱:ramandeep. 28362@ lpu. co。
1. 计算机科学与工程系,ABES 工程学院,加济阿巴德,印度。
2. 工商管理学硕士系,克里希纳机构集团,德里,加济阿巴德,印度。
3. 电子与电气工程学院,拉夫里科技大学,贾朗达尔市,印度。

各种形式存在,通常称之为格式,包括文本和视觉资料。从这类数据中提取有价值模态的需求继续激励着深度学习的研究人员。本章介绍的研究探讨了多模态机器学习和协同学习,以及如何开发深度学习模型,以整合和混合不同感觉模态各种形式的视觉输入。此外,还描述了深度多模态学习的多种方法和基本概念。根据相关调查[7,8],一般图像匹配的目的是,从两个或多个图像中识别和匹配相同或相似的结构/内容[9,10]。

现代世界面临着流行病带来的困扰,以及预期寿命延长带来的众多其他医疗保健需求[11]。随着信息技术领域呈指数级增长,用户最关心的问题是安全、隐私和医疗保健应用[12,13]。随着诊断技术的不断提升,使更多的有创意的护理成为可能,同时,创新医疗设备对生命体征的实时监测提高了护理标准。合格的医疗目标是,向个人提供他们的健康状况和治疗方案[14-16]。智能医疗可以为个人潜在医疗的突发事件提供更好的准备。远程检查服务,不仅降低了治疗成本,还可以为医疗从业人员服务不同地区的患者时提供额外的选择[17]。随着智慧城市的激增,只有一个强大的智能医疗保健基础设施,才能确保患者获得必要的医疗服务。每年有许多计算机视觉研究人员致力于制造让机器像人类一样行动的系统。使用计算机视觉技术来描绘他们的行为,像手机这样的智能设备可以发现障碍物并跟踪位置[18,19]。复杂的操作可以在多模态应用程序中自动化,包括计算机视觉应用程序。本研究的主要挑战是从一个或多个形状和大小不同的数据流(也称为"模态")中提取视觉属性。这是通过学习将提取的异构特征组合起来,并将其投影到一个共同的表示空间中来实现的,这被称之为"深度多模态学习"。多数情况下,来自不同模态和传感器的不同线索的混合,可以提供关于单个活动的相关信息[20,21]。在多模态中,模态在概念架构中的地位是由组成它的媒介和质量决定的,这些模态有文本、视觉和听觉。它们在某种意义上,使用特定的方法或程序对不同类型的信息进行编码[22]。

6.1.1　对多模态协同学习的需求

多模态应用程序在信号或语义级别上结合了多个来源的信息,使其比单模态应用更准确、更可靠。协同学习的目标是将通过一种(或多种)模态获得的知识应用于涉及不同模态的任务。这通常涉及学习"联合表示空间",在训练期间学习外部模态,并评估协同模型对单模态任务的适用性。多个数据源的融合被称为多模态融合[23,24]。多模态系统是那些通过各种渠道促进用户之间通信的系统。多模态的另一个定义是计划进行自动化信息处理和以一种以上的模态进行通信的能力。模态之间存在六种不同的关系:等价、转移、专门化、冗余、互补和并发。"put-that-there"是 20 世纪 80 年代开发的第一个用于研究多模态系统的系统。该系统根据用户的声音和光标的位置推断用户的语境[25,26]。

如前所述,协同学习对于最大限度地提高现实世界多模态应用的有效性至关重要。由于目前移动设备、生理设备、相机、医学成像和各种传感器都可以快速获得,目前多模态数据收集相对容易。如今,多模态应用范围涵盖了实际计算、决策、控制系统、多媒体、自主系统、医疗设备、军事装备和卫星系统[27,28]。在这些背景下使用的多模态系统必须可靠,并能够在不完美的信号或环境变化中产生准确的预测,如图 6.1 所示。这样做将防止潜在的致命或其他灾难性结果。多模态机器学习旨在开发能够处理和连接来自多个来源的输入的模型。多模态机器学习不仅限于视听语音识别应用;它还被用于语言和计算机视觉应用,以表现其巨大的潜力[29, 30]。使用补充或辅助信息,多模态数据使多模态数据的处理和分析变得更加容易。我们可以从不同的角度解释事物或现象。由于深度学习技术、计算机架构和海量数据集的发展,使用单模态的应用程序已经实现了更显著、更高的性能[31]。2009 年的研究[1]表明,使用多种感官而不是一种可以提高性能。最近的研究表明,最新的深度学习方法导致了额外的改进。因此,多模态机器学习和深度学习变得越来越重要。

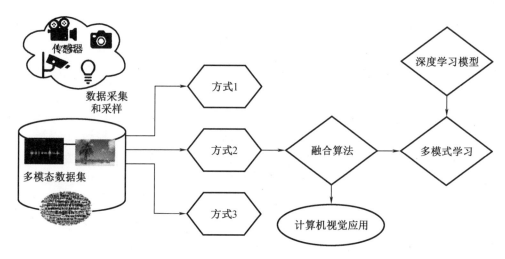

图 6.1　一种简单的多模态传递系统

6.1.2　选择多模态生物识别系统的原因

个人身份识别对于生物识别认证、安全管理和视频监控系统至关重要。识别人的主要物理生物识别包括面部、虹膜和指纹[16]。然而,在典型的监控系统中,在开放的环境中有效地使用它们是复杂的。例如,由于面部照片的质量较低,在远处捕获的面部生物识别是不成功的。唯一对空间和捕获设备质量不敏感的生物识别是人的步态特征,这很难被模仿。然而,它对着装、携带箱子和环境变量施加了一定的限制[17]。由于获取特征模态的诸多困难,单模态生物识别的识别效率降低。多模态生物识别监测系统比单模态系统更精确地提取信息。各种融合层次技术被用于合并来自各种模态的信息[32, 33]。

虽然机器学习技术经常从原始数据中提取生物特征并对对象进行分类,但它们可以在多个应用领域的特征鉴别和选择任务中表现得更好。具有多个隐藏层的人工神经网络被用于机器学习的一个最新分支——深度学习,以从最低级别到最抽象的数据提取。浓度学习技术包括灵活的特征学习、可靠的容错和健壮性特征[18]。近年来,深度卷积神经网络(deep CNN)已被用于生物识别系统[19]。

6.1.3　多模态深度学习

尽管单模态学习取得了重大进展,但并不是人类学习的所有方面都被纳入单模态学习中。多模态学习增强了人类学习的各个方面,包括视觉、听觉、触觉、嗅觉、味觉和嗅觉。多模态深度学习可以提高生物识别系统的准确性,但它也需要更多的数据和计算资源。理解和分析,通过在处理信息时积极地涉及多种感官[34-36]。本文研究了广泛的媒体,包括身体语言、面部表情、生理信号、图像、视频、文本和音频。除了对基础方法的深入分析外,还详细分析了过去5年(2017—2021年)多模态深度学习应用的最新发展。发表了多个多模态深度学习方法的细粒度分类,重点关注应用。最后,分别描述了每个领域的主要关注点,以及可能的未来研究方向[20, 21]。

本章从每个可想象的观点、当前状态、障碍、数据集和潜在用途来研究多模态协同学习。这项首次努力将协同学习分类扩展到图6.2中描述的数据并行性之外,并进入多模态协同学习领域[37-39]。我们分析了现有的类别,根据当前的研究创建了新的类别,并介绍了适应多模态协同学习的最新框架。在整个学习和评估过程中,数据多模态协同学习和模态环境。

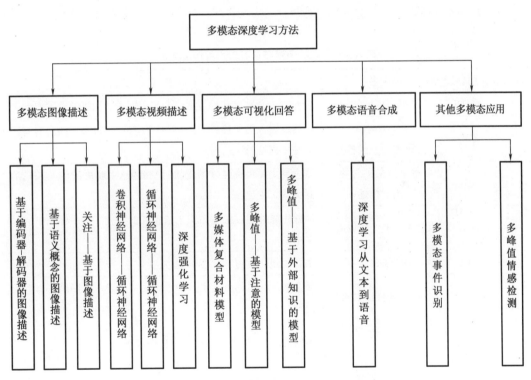

图6.2 多模态深度学习的不同应用场景

6.1.4 动机

最近低成本传感器的广泛使用导致了视觉数据的爆炸式增长,这提高了各种计算机视觉应用程序的性能(表6.1)。这些视觉数据可以是静止照片、视频序列等,它们可用于构建多模态模型。与静态图像相比,视频流包含许多有意义的信息,这些信息考虑了连续帧在空间和时间上的外观。这使得它易于在现实世界的应用中使用和分析,如面部表情识别[22]和视频合成与描述[23]。专业术语"时空概念"是指在空间和时间分析上具有不同长度的视频片段。多模态学习分析法是将视频片段的视听和文本特征组合成一个部分[40,41]。本章将介绍多模态协同学习,根据它所解决的问题和它所支持的应用对其进行分类。第6.1节概述了多模态学习、多模态深度学习、应用领域和撰写本章的动机。第6.2节概述了多模态深度学习及其不同的应用。在第6.3节中描述了深度学习架构和各种技术。第6.4节概述了多模态系统中的融合水平。第6.5节概述了移动设备中的多模态身份验证系统。第6.6节讨论了与多模态学习相关的挑战、问题和尚未未决的问题。结论和展望见第6.7节。

6.2 多模态深度学习方法及应用

在单一模态的情况下,基于文本、图像或音频深度学习模型的程序已经得到成功应用。许多应用程序使用各种形式的数据来改进特征,而这些应用程序是基于多模态深度学习技术开发的。表6.1总结了多个多模态深度学习应用程序,详细信息在各小节中提供。

表6.1 不同的多模态学习应用程序汇总表

序号	应用程序	全名	描述
1	MMDL	多模态深度学习	它专注于开发将多种数据模态与不同的结构相结合的模型
2	EDIT	基于编码器-解码器的图像描述	在读取输入的照片后,有一个网络模型,它将照片的内容解码为一个固定长度的向量
3	SCID	基于语义概念的图像描述	概念层主要负责通过场景、知识和情感来解决图像所表达的意义
4	AID	关注——基于图像描述	该程序能够通过关注图像中最重要的区域来生成标题中的每个单词
5	DRL	深度强化学习	结合了强化学习和深度学习
6	MMJEM	多媒体复合材料模型	联合嵌入的目的是开发一个以单一格式表示不同媒体类型的模型
7	MMAM	多峰值——基于注意的模型	多模的融合,每个模都有其特征向量序列
8	MMEKM	多峰值——基于外部知识的模型	通过多源知识推理,可以使知识的评价和验证更加容易实现
9	DLTTS	深度学习从文本到语音	来弄清楚如何使用音频输入来猜测单词和句子说了什么
10	MMER	多模态事件识别	多模态社交事件检测可在大量数据中发现事件,如单词、照片和视频剪辑
11	MMED	多峰值情感检测	结合不同的模态提供了一个很好的视角,并成功地揭示了可感知来源的隐藏情绪

6.2.1 多模态图像描述(ultimodal image description,MMID)

图像描述的主要目的是生成输入图像中所包含视觉信息的文本描述。深度学习时代的图片描述是通过结合计算机视觉和自然语言处理进行的。这个过程很好地利用了文本和图像[42,43]。图6.3显示了视觉描述的总体结构图,共有三种类型的图像描述框架,分别是基于检索、模板和描述逻辑(深度学习)。描述图像视觉信息的前两种方法是"检索"和"基于模板"。本文介绍了三种基于深度学习的图片描述方法:基于编码器-解码器、基于语义概念和基于注意力。基于检索、模板或深度学习的框架都可以用来描述图像。最传统的方法之一是使用模板从图片中获取视觉数据并对其进行描述[25,26]。本节对基于深度学习的图像描述方法进行了深入分析。这些技术进一步分为编码器-解码器、语义概念和基于注意力。

6.2.2 多模态视频描述(multimodal video description,MMVD)

与图像描述一样,视频描述创建了对输入视频中可见内容的文本描述。本节将深入讨论如何利用深度学习来描述视频的视觉内容。当这一领域的条件得到改进时,它们可以应用于各种输入方式,其中视频流和文本是本程序中使用的两种主要方式。本研究使用以下架构组合对视频描述方法进行分类,以提取视觉特征并生成文本[27]。

早期关于视觉描述的作品都集中在描述静态图像上。早期提供自动视频描述的尝试依赖于一个两阶段的传输,首先是识别语义视觉概念,然后将它们拼接在一个"主语、动词、宾语"模板中。虽然基于模板的解决方案将目标识别和描述开发的任务分开,但这些模板需要重现人类生成的电影或情景喜剧描述中语言的丰富性[44,45]。

6.2.3 多模态视觉问答(multimodal visual question answerng,MMVQA)

视觉问答(visual question answering,VQA)是一个多模态任务,旨在在呈现图像和相关自然语言问题后,能正确地生成一个自然语言响应作为输出。VQA是一种新方法,它专注于创建一个可以用自然语言回答问题的人工智能系统[28],引起了计算机视觉和自然语言处理领域的关注。它涉及理解图像的内容并将其与问题的背景联系起来。VQA包含一组不同的计算机视觉和自然语言处理子问题,因为需要比较两种模态中存在的信息的语义(图像和与之相关的自然语言问题)(如对象检测和识别、场景分类、计数等)。这意味着这是一个完全可以通过人工智能解决的问题。图6.3显示了三个图像和附带问题的示例[46,47]。

6.2.4 多模态语音合成(multimodal speech synthesis,MMSS)

人类行为由两种交流方式组成:写作和口语。语音合成是指创造机器所说的自然语言的复杂过程。语音合成(text to speech,TTS),实时将文本数据转换为标准化的自然语音。它涵盖了众多学科,如计算机科学、语言学、数字信号处理和声学。它是一种尖端的信息处理技术[29],尤其适用于现代智能语音交互系统。早期创建语音合成技术的重点依赖于参数合成方法。匈牙利科学家Wolfgang von Kempelen,于1971年使用了一系列精致的波纹管、弹簧、风笛和共鸣箱发明了一种可以合成简单单词的设备。

(a)冰箱上有什么?磁铁,纸　　(b)橱柜是什么颜色的?棕色的　　(c)有多少盏灯?两盏

图6.3　图像和问题答案示例

目前使用的语音合成的例子包括屏幕阅读器、会说话的玩具、会讲话的视频游戏和人机交互系统。模仿人类语音是目前语音合成系统的主要研究目标[30]。语音合成系统的有效性通过使用生成的语音时序结构的质量、渲染情感和发音、生成的每个单词的质量、合成语音偏好(听众对更好的语音合成系统在语音和信号质量方面的偏好)以及可理解性等人类感知因素来评估[48]。

6.2.5　多模态事件检测(multimodal event detectin,MMED)

社交事件检测是指对大量前所未有的社交媒体数据中的实际事件进行分析。即使以单一媒体为重点的努力取得了令人满意的结果,但当前的环境也使其难以管理,因为社交媒体网站经常托管大量的多模态数据。由于互联网上媒体共享的广泛使用,个人可以随时分享他们的事件、活动和想法。多模态事件检测统试图识别各种媒体中的动作和事件,包括图像、视频、音频文件、文本文档等。据统计,每天发送数百万条推文,而每小时上传到YouTube 的视频超过 30 000 小时。在这大量数据中查找事件和活动是一项复杂的任务。它在疾病监测、治理和商业等领域有许多应用,它使互联网用户能够理解和跟踪全球事件[31,32]。

消息输入是否是社交事件的一部分由事件推理决定,这是事件发现的一个阶段。一些工作受到了单模态社会事件检测工作的启发,将非文本媒体直接转换为文本标签,然后使用传统方法进行多模态社会事件的检测。不同模态之间的"媒体差距"——对各种媒体类型的描述不一致且无法直接衡量的情况——使得多模态社交事件检测变得困难。无论如何,检测系统的有效性衡量的是推理的好坏。这种系统中的推理机制根据社会事件属性进行分组[49]。

6.2.6　多模态情感识别(multimodal emotion recognition,MMER)

情感是人们表达自己感受的一种方式。多模态情感识别对于改善人与计算机协同工作的方式非常重要。机器学习旨在让计算机从训练数据集中学习和识别新的输入。因此,它可以用来有效地训练计算机检测、分析、响应、解释和识别人类情绪。因此,情感计算的主要目标是为机器和系统提供情感智能。它想了解学习、健康、教育、通信、游戏、自定义用户界面、虚拟现实和数据检索。AI/ML 模型原型考虑不同的模态来提取情感信息,例如图像、文本、视频、身体姿势、身体位置、面部表情和其他形式的数据。使用面部表情和脑电图(electro ercaphalo gram,EEG)信号,参考文献[33,34]开发了一种融合方法来了解一个人的感受。神经网络分类器可以区分快乐、中性、悲伤和害怕的感觉。

6.3　多模态深度学习在生物计量监测中的应用

多模态生物识别系统根据许多生理特征识别和验证个体存储一个人的指纹模态、面部几何形状和虹膜模态,以供用户识别。当预先提供的敏感数据至关重要时,保存一个人的众多生理特征是合适的[50]。

6.3.1　生物特征认证系统及问题

基于知识(基于用户知道的东西)、基于占有(基于用户拥有的东西)和基于生物特征的三种主要方法可以对用户进行身份验证和验证(用户是什么)。IT 系统已广泛采用前两种方法,尽管它们有几个众所周知的缺点。使用一个人独特的生物和行为特征进行身份验证变得越来越普遍[35,36]。身体特征(如指纹和面部特征)是生理因素的基础,而行为因素(如步态分析和击键动力学)反映了个人的行为和人格模态[37]。

认证过程从收集独特的生物特征开始,继续进行预处理,找到焦点区域,使用特征提取技术提取预定义的特征,最后使用分类算法得出结论[38]。此外,有许多特征提取和分类器构建策略可供选择。使用者可以根据生物识别系统支持的生物识别模态的数量将其分为单峰或多峰[51]。制作单峰生物识别系统不太复杂,因为它只需要一种身份和验证方法。在认证指标充当单点故障的单峰系统中,更有可能出现噪声数据、识别性能差、结果不准确和欺骗干扰[35-38]等问题。这些单峰生物识别系统依赖于来自单一来源的数据来验证个人身份。尽管单峰生物识别系统有很多好处,但它们必须突破许多挑战。

1. 类内差异

验证期间收集的生物特征信息将与注册期间用于制作个人模板的信息不同,类内差异被称为同一类内的变异。当一个类别存在许多差异时,生物识别系统的错误拒绝率(false rejection rate,FRR)会增加。

2. 噪声数据

对噪声敏感的生物识别传感器很难匹配人,因为噪声数据可能会导致错误而拒绝。

3. 类间相似性

类间相似性是指多个人的特征空间重叠。生物识别系统的错误接受率(false accettance rate,FAR)随着许多类别的相似性而增加。

4. 非普遍性

由于疾病或残疾,有的人无法单独提供所需的生物特征。

5.电子欺骗

欺骗会威胁到单峰生物识别技术,因为它允许数据被模仿或伪造。

使用基于多个信息源的多模态生物识别系统进行个人身份验证是解决单峰生物识别系统这些问题的最佳方法[52]。

6.3.2 多模态生物识别认证系统及其优势

多模态生物识别系统使用许多或互补的特征(如语音和面部特征),而不是依赖于单一特征。这使得它更加强大,更难被欺骗。它具有较高的识别率,不易受到外部影响,更可靠、更强大,更能抵抗欺骗干扰[38]。由于它使用两种以上的生物特征指示进行身份验证,因此在合并来自多种模态的数据时,多模态生物特征必须回答以下问题:通过在特定时刻混合特定部分,可以开发出多模态生物识别身份验证系统[39]。选择要组合的生物特征,如面部和语音、指纹和击键动态,需要选择两个或多个生物特征。各种生物特征组件集成的成功程度取决于它们何时融合[53,34]。如何统一描述信息的组织,是在生物特征认证系统的传输阶段执行的。通用多模态生物识别框架如图6.4所示。

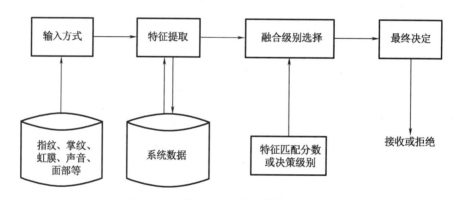

图6.4 多模态生物识别系统的通用过程

多模态生物识别系统将识别出"真正的个人"或"冒名顶替者"。从根本上说,系统的准确性取决于真实接受率(gencine acceptance rate,GAR)、错误拒绝率、错误接受率和等错误率(equal error rate,EER)。注册阶段和认证阶段是多模态生物识别的两个主要操作阶段,每个阶段的描述如下。

1.注册阶段

用户的生物特征在注册阶段被记录,并在身份验证阶段通过存储在系统数据库中用作该用户的模板。

2.身份验证阶段

为了验证用户的身份,系统会再次查看他们独有的特征集。在识别中,数据与数据库中所有用户的模板进行匹配,称为"一对多"匹配。在验证中,数据只与需要的身份模板匹配,称为"一对一"匹配[40]。

6.4 多模态生物识别中的融合层级

从技术上讲,多模态融合是指合并来自多种模态的数据来预测最终指标,通过回归将其作为常数值(例如,情绪积极性),或通过分类将其作为一个类别(快乐与悲伤)。对多模态融合的兴趣源于其提供三个显著优势的能力[55]。首先,获得许多捕捉到相同现象的观测模态可以帮助制定更准确的预测。组合两种或多种模态来完成一项任务是创建多模态系统的第一步。融合技术分为三类:早期(特征)、晚期(决策)和中间(混合)融合,具体取决于融合表示的网络级别[56,57]。融合没有硬性要求,相反,它总是因数据、领域和目标而异。由于早期融合不考虑模态内特征,晚期融合也不考虑模态间细节,因此混合融合是更受欢迎的选择。

1. 早期融合

当来自不同来源的 AI 模型的输入数据被组合时,就会发生这种融合。进一步的研究表明,数据集在用作深度学习算法的输入之前首先经过融合技术。融合过程很可能是在原始数据本身上执行的。当原始数据在融合之前经历特征提取阶段时,我们说融合是在特征级别执行的。

2. 晚期融合

在融合之前使用 AI 算法。在这种情况下,数据被当作唯一的、多模态的处理。这种方法将不同的操作方式视为独立执行。在学习过程中,有很多不同的合并方式,不考虑其他模态之间可能存在的条件联系。

3. 中间融合

当在运行相关 AI 算法之前和之后组合各种输入数据类型时,称为混合融合。当将具有相似维度的模态或在训练阶段合并之前必须进行预处理的模态组合在一起时,这种方法可能是有效的。

如 Jain 和 Ross[6] 所述,多模态生物识别有三个融合级别:特征级别、匹配分数级别和决策级别。人们普遍认为,在识别系统中尽早应用组合方案会产生最佳结果[8,9]。以下是三个聚变阶段的分解。

6.4.1 特征级融合

来自各种生物特征的信号被单独处理,然后通过特征级融合过程将它们的特征向量融合成一个向量。特征向量被组合以创建复合特征向量,用于在后续步骤[58]中进行分类。为了使特征级融合发挥作用,必须通过约简技术消除冗余特征。研究人员已经在特征层面利用了融合。图 6.5 是特征融合的演示。特征级融合的主要优点是发现由不同生物特征算法生成的相关特征值。这有助于识别一小部分可以提高识别准确性的重要特征。通常,需要减少维度的数量来获得这组特征。因此,特征级融合通常需要大量的训练数据。

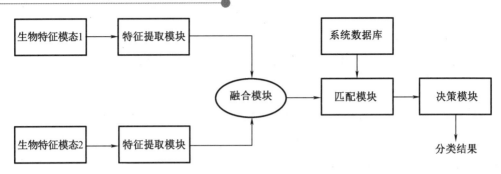

图 6.5　特征级别的融合示意图

6.4.2　匹配分数级别的融合

特征向量仍然需要放在一起,但每个人都会被单独查看以计算其得分[58]。有许多方法可以组合匹配分数,如逻辑回归、最高秩、Borda 计数和加权和、加权乘积、贝叶斯规则、均值融合、线性判别分析(linear discriminant analysis,LDA)融合、k-最近邻融合和隐马尔可夫模型(hidden Markov model,HMM)。将不同来源的分数归一化[6]是一个必须在匹配分数层面处理的关键问题。匹配分数可以用 min-max、z-score、中值 MAD、双 S 形、tan-h 和分段线性进行归一化。匹配分数是最受欢迎的融合级别,因为它很容易。一些研究人员[10-12]在匹配分数级别时使用融合。图 6.6 显示了相同分数的合并。

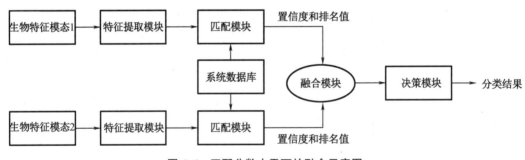

图 6.6　匹配分数水平下的融合示意图

6.4.3　决策级融合

在这种类型的融合中,每种模态都是独立分类的,这意味着在从特定特征中提取特征后,每个生物特征属性都会被捕获。此外,根据提取的特征,这些特征被分类为接受或拒绝。最终的分类依赖于整合多种模态的产出。决策层的融合如图 6.7 所示。融合被用于决策层面[20],这种类型的优点是,即使其中一个模态数据不可用,也可以进行预测。

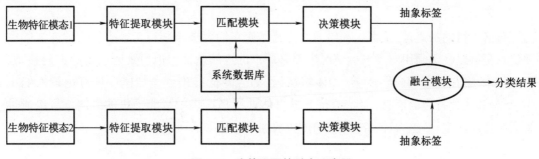

图 6.7　决策层面的融合示意图

6.5　多模态生物识别技术在移动设备身份认证中的应用

为移动设备实施安全用户身份验证以保护用户个人信息和数据变得越来越重要。由于生物识别方法相对于传统认证方法具有巨大的优势,因此在学术界和企业界越来越受欢迎。本节讨论了手机(即触摸设备)上现有生物识别系统的开发,涉及十一种生物识别方法。用户身份验证的类型包括生理身份验证和行为身份验证。一般来说,生理生物识别是指一个人的身体特征,例如,他们的指纹、面部、虹膜或视网膜,手或手掌,而行为生物识别是指一个人的行为品质,例如,他们的声音、签名、步伐、触觉动力学或触摸动力学。

这些技术使用入口点身份验证模型,该模型可以是基于个人识别码和密码的生物识别。用户只需在会话开始时进行验证。由于攻击可能发生在第一次身份验证之后,因此会话身份验证模态受到了很多负面报道。由于这些原因,人们提出了一种基于"用户是什么"模态的新用户验证方法,该方法使用连续认证(authentication,CA)和行为生物识别(behavioral biometrics,BB)[41,42]。

移动终端传感器可以快速准确地捕获大多数用户的行为,从而实现行为生物识别用户身份验证[43]。移动终端传感器注册行为生物识别模板,包括行走风格、手势、敲击动态、手部动作、电池使用情况和用户配置文件。通过持续的身份验证,行为生物识别可以为每个用户提供独特的东西。连续认证技术通过密切关注用户的行为并在会话期间频繁重新验证他们的身份,在登录过程中添加了额外的安全层。连续认证在 2000 年代初首次提出起,商界和学术界对这项技术变得更加感兴趣。人们对行为生物识别和连续认证技术越来越感兴趣,因为传感器成本预计将下降,系统正在改进,并且存在政治压力或更严格的安全控制。人们渴望使用生物识别认证技术来保护自己的隐私。

6.5.1　多模态生物识别的类别

本节描述了行为生物识别和连续认证的一些常用类别。一些常见的生物识别模态包括触摸手势、敲击动态、行为分析、人的步态和挥手。此外,我们还研究了如何收集和提取行为生物特征。

1. 行走步态

智能手机的加速计、陀螺仪和磁力计传感器使它们能够识别行走模态。这种方法的主要优点是可以在无须用户参与的情况下部署用户的连续认证。但行走时设备的方向移动、地面不平、潜在伤害、鞋类、疲劳、人体特征等,都会降低准确性。加速度计可记录人们正常、缓慢和快速行走的信息,而陀螺仪数据可估计用户口袋中智能手机的方向。可以通过集成来自加速度计、磁力计和陀螺仪的传感数据来计算人的运动。

2. 触摸手势

现代的手机和其他智能设备都支持触摸,这意味着可以使用一个或多个笔画在触摸屏上绘制形状。每个笔画都由一系列数字坐标组成。触摸的方向和持续时间、移动速度和加速度可以单独或组合分析和测量。他们利用智能手机的触摸屏传感器来收集触摸数据。手势输出模板是使用速度、大小、长度和方向变量从输入动作生成的。这些因素因用户而异,代表了他们独特的行为,使它们成为触摸手势认证系统的基础。

3. 击键动态

击键动态是记录用户在移动终端上的键盘输入,并尝试通过分析他的敲击模态来识别。一些关于击键动力学的研究是从特定文本中收集信息,例如,在登录过程中编写短信或输入密码。出于研究目的,另一种方式是没有使用密码或特定短语来获取数据。两种情况下的结果都是准确的。

4. 行为概况

人们使用手机时,可以使用应用程序和数字服务操纵移动终端上的数据验证个人的行为。基于这种想法,可以根据用户与主机或网络,交互的方式来创建用户行为的简档。在第一种情况下,用户到 Wi-Fi 网络、服务提供商等的连接模态是被监测的。在第二种情况下,观察用户在不同时间和地点对应用程序的使用情况。有关设备使用的数据可以组合起来创建用户配置文件。参考文献[45]使用自创的行为移动应用 Track Maison 来了解人们如何使用五个社交网站,例如,他们的位置、会话的长度以及使用它们的频率。

5. 挥手

人们越来越关注使用或只是拿着手机时手腕的移动方式。此方法不需要用户做除了握住设备之外的任何事情。使用它的方法有多种,例如,扭转手腕、快速挥手、远挥手或经常挥手。不同的人可以通过挥手的方式区分他们[45]。

6.5.2 移动设备中多模态生物识别技术的好处

在移动设备上实施多模态生物识别是可行的,因为许多设备已经支持面部、语音和指纹识别。整合这些技术需要一个强大、用户友好的策略。在移动消费市场领域,多模态生物识别是一种流行的认证方法,具有多重好处。

1. 移动安全

对于单模态生物识别系统,攻击者可以通过欺骗系统的单一生物识别模态来摧毁,而基于多模态建立的身份识别,攻击者必须同时模仿许多不同的人类特征才能实现欺骗,这无疑更加复杂。

2.移动认证

一种特定的模态可用于改善其他模态结果中的质量问题。例如,Proteus 可以评估面部图像和语音记录质量,并赋予质量最高的样本更大的权重。

3.精度

当使用多模态生物识别技术时,它们可以更容易地识别一个人。

4.普遍性

多模态生物识别系统适用于每个人,即使一个人生病或残疾并且无法提供一种类型的生物识别,该系统也可以使用不同的生物识别来验证该人的身份。

6.6 挑战和开放性研究问题

数据高度多样化,使多模态机器学习成为一个具有挑战性的计算研究领域。通过从多模态源中学习,使得更深层次地理解自然过程并捕获模态之间的对应关系成为可能。本节确定并探讨了与多模态机器学习相关的五个主要技术难点(和子挑战)。以下五个困难构成了我们分类的基础,它超出了早期融合和晚期融合之间的传统划分。

1.表示

利用多模态数据的第一个挑战是描述和总结它以改进学习过程。多模态数据的多样性使得创建此类表示具有挑战性。例如,语言经常反映象征性的听觉和视觉形态,而信号则不然。

2.翻译

第二个挑战是将数据从一种模态映射(翻译)到另一种模态。除了不同的数据外,模态之间的关系通常是模糊的或主观的。例如,可能有几种准确的方法来描述图像,但可能没有完美的翻译。

3.对齐

第三个挑战是确定如何将数据从一种模态映射(翻译)到另一种模态。除了异类数据之外,模态之间的关系可能更加透明和主观。例如,有几种准确的方法来描述图像,但不存在完美的翻译。

4.融合

第四个问题是将来自两种或多种模态的信息结合起来进行预测。例如,在视听语音识别中,语音信号和嘴唇运动的视觉描述被合并以预测说出的单词。从许多模态接收信息的预测能力和噪声结构可能不同,并且至少有一种模态可能存在数据缺失。

5.协调

不同模态之间的信息传输很复杂,表示多模态数据也是如此。协同训练、概念基础和零射击学习就是此类算法的例子。Colarning 研究如何从一种模态收集信息帮助不同模态创建计算机模型。当一种模态的资源有限(例如,注释数据)时,这个问题尤其重要。

6.7 结　　论

事物发生或经历的方式被称为模态。人工智能必须能够同时处理所有这些不同类型的信息，以更多地了解我们周围的环境。多模态机器学习的主要目标是利用多种形式的数据来改进计算结果。本章涵盖了 MMDL 的最新变化和全新想法。此外，本章还回顾了使用各种模态的众多应用程序，包括身体姿势、面部表情、生理信号、图像、音频和视频。本章将其与早期类似性质的调查进行了对比。本章概述了多模态生物识别系统、想法和未解决的生物识别安全问题。在标准移动设备上实施多模态生物识别技术一直很困难，多模态生物识别技术应该是移动设备生物识别认证的下一步。

参 考 文 献

［1］ Meltzoff, A. N., Origins of the theory of mind, cognition and communication. *J. Commun. Disord.*, 32, 4, 251-269, 1999.

［2］ Ma, J., Jiang, X., Fan, A., Jiang, J., Yan, J., Image matching from handcrafted to in-depth features: A survey. *Int. J. Comput. Vis.*, 129, 23-79, 2021.

［3］ Zhou, H., Sattler, T., Jacobs, D. W., Evaluating local features for day-night matching, in: *Proceedings of the European Conference on Computer Vision*, Springer, pp. 724-736, 2016.

［4］ Luo, Z., Shen, T., Zhou, L., Zhang, J., Yao, Y., Li, S., Fang, T., Quan, L., Context Desc: Local descriptor augmentation with cross-modality context, in: *Proceedings of the IEEE Conference on Computer Vision and Pattern Recognition*, pp. 2527-2536, 2019.

［5］ Zhou, H., Ma, J., Tan, C. C., Zhang, Y., Ling, H., Cross-weather image alignment via latent generative model with intensity consistency. *IEEE Trans. Image Process.*, 29, 5216-5228, 2020.

［6］ Naseer, T., Spinello, L., Burgard, W., Stachniss, C., Robust visual robot localization across seasons using network flows, in: *Proceedings of the AAAI Conference on Artificial Intelligence*, pp. 2564-2570, 2014.

［7］ Aubry, M., Russell, B. C., Sivic, J., Painting-to-3D model alignment via discriminative visual elements. *ACM Trans. Graph.*, 33, 2, 1-14, 2014. 8.

［8］ Wei, X., Zhang, T., Li, Y., Zhang, Y., Wu, F., Multimodality cross attention network for image and sentence matching, in: *Proceedings of the IEEE Conference on Computer Vision and Pattern Recognition*, pp. 10941-10950, 2020.

[9] Avasthi, S. and Sanwal, T. , Biometric authentication techniques: A study on keystroke dynamics. *International Journal of Scientific Engineering Applied Science (IJSEAS)*, 2, 1, 215–221, 2016.

[10] Gupta, A. and Avasthi, S. , An image-based low-cost method to the OMR process for surveys and research. *International Journal of Scientific Engineering Applied Science (IJSEAS)*, 2, 7, 91–95, 2016.

[11] Avasthi, S. , Chauhan, R. , Acharjya, D. P. , Information extraction and sentiment analysis to gain insight into the COVID-19 crisis, in: *International Conference on Innovative Computing and Communications*, pp. 343–353, Springer, Singapore, 2022.

[12] Avasthi, S. , Chauhan, R. , Acharjya, D. P. , Topic modeling techniques for text mining over a large-scale scientific and biomedical text corpus. *International Journal of Ambient Computing and Intelligence (IJACI)*, 13, 1, 1–18, 2022.

[13] Avasthi, S. , Chauhan, R. , Acharjya, D. P. , Extracting information and inferences from a large text corpus. Int. J. *Inf. Technol.* , 15, 1, 435–445, 2023.

[14] Tiulpin, A. , Klein, S. , Bierma-Zeinstra, S. , Thevenot, J. , Rahtu, E. , Meurs, J. V. , Saarakkala, S. , Multimodal machine learning-based knee osteoarthritis progression prediction from plain radiographs and clinical data. *Sci. Rep.* , 9, 1, 1–11, 2019.

[15] Mullick, T. , Radovic, A. , Shaaban, S. , Doryab, A. , Predicting depression in adolescents using mobile and wearable sensors: Multimodal machine learning-Based exploratory study. *JMIR Form. Res.* , 6, 6, e35807, 2022.

[16] Buddharpawar, A. S. and Subbaraman, S. , Iris recognition based on PCA for person identification. *Int. J. Comput. Appl.* , 975, 8887, 2015.

[17] Han, J. and Bhanu, B. , Individual recognition using gait energy image. *IEEE Trans. Pattern Anal. Mach. Intell.* , 28, 316–322, 2005.

[18] Wang, P. , Fan, E. , Wang, P. , Comparative analysis of image classification algorithms based on traditional machine learning and deep learning. *Pattern Recognit. Lett.* , 141, 61–67, 2021.

[19] Boucherit, I. , Zmirli, M. O. , Hentabli, H. , Rosdi, B. A. , Finger vein identification using deeply-fused convolutional neural network. *J. King Saud Univ. Comput. Inf. Sci.* , 34, 346–656, 2020.

[20] Belo, D. , Bento, N. , Silva, H. , Fred, A. , Gamboa, H. , ECG biometrics using deep learning and relative score threshold classification. *Sensors*, 20, 15, 4078, 2020.

[21] Mekruksavanich, S. and Jitpattanakul, A. , Biometric user identification based on human activity recognition using wearable sensors: An experiment using deep learning models. *Electronics*, 10, 3, 308, 2021.

[22] Zarbakhsh, P. and Demirel, H. , 4D facial expression recognition using multimodal time series analysis of geometric landmark-based deformations. *Vis. Comput.* , 36, 951 –

965, 2020.

[23] Dilawari, A. and Khan, M. U. G., ASoVS: Abstractive summarization of video sequences. *IEEE Access*, 7, 29253−29263, 2019.

[24] Summaira, J., Li, X., Shoib, A. M., Li, S., Abdul, J., *Recent advances and trends in multimodal deep learning: A review*, 2021, https://arxiv.org/abs/2105.11087.

[25] Avasthi, S., Sanwal, T., Sharma, S., Roy, S., VANETs and the use of IoT: Approaches, applications, and challenges, in: *Revolutionizing Industrial Automation Through the Convergence of Artificial Intelligence and the Internet of Things*, pp. 1−23, 2023.

[26] Praharaj, S., Scheffel, M., Drachsler, H., Specht, M., Literature review on Co-located collaboration modelling using multimodal learning analytics—Can we go the whole nine yards? *IEEE Trans. Learn. Technol.*, 14, 3, 367−385, 2021.

[27] Rahman, M. M., Abedin, T., Prottoy, K. S., Moshruba, A., Siddiqui, F. H., Video captioning with stacked attention and semantic hard pull. *PeerJ Comput. Sci.*, 7, e664, 2021.

[28] Lobry, S., Marcos, D., Murray, J., Tuia, D., RSVQA: Visual question answering for remote sensing data. *IEEE Trans. Geosci. Remote Sens.*, 58, 12, 2020, 2020.

[29] Wang, Y., Skerry-Ryan, R. J., Stanton, D., Wu, Y., Weiss, R. J., Jaitly, N., Yang, Z., Xiao, Y., Chen, Z., Bengio, S. et al., Tacotron: *Towards end-to-end speech synthesis*, 2017, https://arxiv.org/abs/1703.10135.

[30] Taigman, Y., Wolf, L., Polyak, A., Nachmani, E., *Voiceloop: Voice sitting and synthesis via a phonological loop*, 2018, https://arxiv.org/abs/1707.06588.

[31] Huang, S., Huang, D., Zhou, X., Learning multimodal deep representations for crowd anomaly event detection. *Math. Prob. Eng.*, 2018, 1−13, 2018.

[32] Koutras, P., Zlatinsi, A., Maragos, P., Exploring cnn-based architectures for multimodal salient event detection in videos, in: *2018 IEEE 13th Image, Video, and Multidimensional Signal Processing Workshop (IVMSP)*, IEEE, 2018.

[33] Gibiansky, A., Arik, S., Diamos, G., Miller, J., Peng, K., Ping, W., Raiman, J., Zhou, Y., Deep voice 2: Multi-speaker neural text-to-speech. *Adv. Neural Inf. Process. Syst.*, 30, 2017, 2017.

[34] Chauhan, R., Avasthi, S., Alankar, B., Kaur, H., Smart IoT systems: Data analytics, secure smart home, and challenges, in: *Transforming the Internet of Things for Next-Generation Smart Systems*, pp. 100−119, IGI Global, USA, 2021.

[35] Al Abdulwahid, A., Clarke, N., Stengel, I., Furnell, S., Reich, C., Continuous and transparent multimodal authentication: Reviewing state of the art. *Cluster Comput.*, 19, 1, 455−474, Mar. 2016.

[36] Ayeswarya, S. and Norman, J., A survey on different continuous authentication systems.

Int. J. Biom., 11, 1, 67, 2019. 37.

[37] Gad, R., El-Fishawy, N., El-Sayed, A., Zorkany, M., Multibiometric systems: A state of the art survey and research directions. *Int. J. Adv. Comput. Sci. Appl.*, 6, 6, 128–138, 2015.

[38] Dargan, S. and Kumar, M., A comprehensive survey on the biometric recognition systems based on physiological and behavioural modalities. *Expert Syst. Appl.*, 143, Art. no. 113114, Apr. 2020.

[39] Singh, M., Singh, R., Ross, A., A comprehensive overview of biometric fusion. *Inf. Fusion*, 52, 187–205, Dec. 2019.

[40] Ross, A. and Jain, A., Information fusion in biometrics. *J. Pattern Recognit. Lett.*, 24, 2115–2125, 2003.

[41] Stylios, I. C., Thanou, O., Androulidakis, I., Zaitseva, E., A review of continuous authentication using behavioural biometrics. *Conference: ACM SEEDACECNSM*, Kastoria, Greece, 2016.

[42] *Biometric authentication: The how and why*, Available: https://about-fraud.com/biometric-authentication, accessed on 21/2/2019.

[43] Morency, L. P., Liang, P. P., Zadeh, A., Tutorial on multimodal machine learning, in: *Proceedings of the 2022 Conference of the North American Chapter of the Association for Computational Linguistics: Human Language Technologies: Tutorial Abstracts*, pp. 33–38, 2022, July.

[44] Liang, P. P., Zadeh, A., Morency, L. P., *Foundations and recent trends in multimodal machine learning: Principles, challenges, and open questions*, 2022, https://arxiv.org/abs/2209.03430.

[45] Stahlschmidt, S. R., Ulfenborg, B., Synnergren, J., Multimodal deep learning for biomedical data fusion: A review. Brief. *Bioinformatics*, 23, 2, bbab569, 2022.

[46] Anjomshoa, F., Catalfamo, M., Hecker, D., Helgeland, N., Rasch, A., Kantarci, B., Schuckers, S., Mobile behaviometric framework for sociability assessment and identification of smartphone users, in: *2016 IEEE Symposium on Computers and Communication (ISCC)*, pp. 1084–1089, 2016, June.

[47] Kumar, S., Rani, S., Jain, A., Verma, C., Raboaca, M. S., Illés, Z., Neagu, B. C., Face spoofing, age, gender and facial expression recognition using advance neural network architecture-based biometric system. *Sens. J.*, 22, 14, 5160–5184, 2022.

[48] Sandeep, K., Jain, A., Agarwal, A. K., Rani, S., Ghimire, A., Object-based image retrieval using the u-net-based neural network. *Comput. Intell. Neurosci.*, 2021, https://www.hindawi.com/journals/cin/2021/4395646/.

[49] Kumar, S., Haq, M., Jain, A., Jason, C. A., Moparthi, N. R., Mittal, N., Alzamil, Z. S., Multilayer neural network based speech emotion recognition for smart assistance. *CMC-Comput. Mater. Contin.*, 74, 1, 1–18, 2022. Tech Science Press.

［50］　Bhola, A. and Singh, S., Visualization and modeling of high dimensional cancerous gene expression dataset. *J. Inf. Knowl. Manag.*, 18, 01, 1950001−22, 2019.

［51］　Bhola, A. and Singh, S., Gene selection using high dimensional gene expression data: An appraisal. *Curr. Bioinform.*, 13, 3, 225−233, 2018.

［52］　Rani, S., Gowroju, Kumar, S., IRIS based recognition and spoofing attacks: A review, in: *10th IEEE International Conference on System Modeling & Advancement in Research Trends (SMART)*, December 10−11, 2021.

［53］　Swathi, A., Kumar, S., Venkata Subbamma., T., Rani, S., Jain, A., Ramakrishna, K. M. V. N. M, Emotion classification using feature extraction of facial expressiona, in: *The International Conference on Technological Advancements in Computational Sciences (ICTACS−2022)*, Tashkent City Uzbekistan, pp. 1−6, 2022.

［54］　Rani, S., Lakhwani, K., Kumar, S., Construction and reconstruction of 3D facial and wireframe model using syntactic pattern recognition, in: *Cognitive Behavior & Human Computer Interaction*, pp. 137−156, Scrivener & Willey Publishing House, 2021.

［55］　Rani, S., Ghai, D., Kumar, S., Kantipudi, M. V. V., Alharbi, A. H., Ullah, M. A., Efficient 3D AlexNet architecture for object recognition using syntactic patterns from medical images. *Comput. Intell. Neurosci.*, 1−19, 2022.

［56］　Rani, S., Ghai, D., Kumar, S., Reconstruction of simple and complex three dimensional images using pattern recognition algorithm. *J. Inf. Technol. Manag.*, 14, (Special issue: Security and Resource Management challenges for Internet of Things), 235−247, 2022.

［57］　Bhaiyan, A. J. G., Shukla, R. K., Sengar, A. S., Gupta, A., Jain, A., Kumar, A., Vishnoi, N. K., Face recognition using convolutional neural network in machine learning, in: *2021 10th International Conference on System Modeling & Advancement in Research Trends (SMART)*, pp. 456−461, IEEE, 2021.

［58］　Bhaiyan, A. J. G., Jain, A., Gupta, A., Sengar, A. S., Shukla, R. K., Jain, A., Application of deep learning for image sequence classification, in: *2021 10th International Conference on System Modeling & Advancement in Research Trends (SMART)*, pp. 280−284, IEEE, 2021.

第7章 虚拟现实技术在体育领域的结构化应用综述

Harmanpreet Kaur[1*], Arpit Kulshreshtha1, Deepika Ghai[2]

摘要

虚拟现实技术(virtual reality technology,VRT)技术被世界各地的运动员使用,以帮助他们在运动中赢得更多奖牌。在印度,如果运动员要在世界范围内竞争并实现他们的目标,虚拟现实技术的利用则是必不可少的。虚拟现实(virtual reality,VR)是一种广泛使用的技术,由于可以提供重建、分析的简单工具,以及难以模拟的训练环境,从而得到了越来越多的关注。以往在体育虚拟现实领域的研究成为目前研究的基础。包括虚拟现实训练方法在内的足够数量的跨学科解决方案,在印度体育领域仍然缺乏应用。方法:根据作者姓名、发表年份、研究的主要目标,对所有直接相关的研究进行分类,并进行系统回顾;概述所使用的方法,运动虚拟现实的研究成果,以及识别知识差距和开放的科学问题;最后研究了虚拟现实技术对体育运动的影响。结果:本研究发现虚拟现实训练对评价运动表现准确性和提高运动员表现具有重要价值。尽管作者提供了一般的培训课程,但这些方法的准确性都低于虚拟现实训练方法。利用这种技术,运动员才更有能力处理他们在竞争中面临的挑战。虚拟现实技术使研究人员能够在关注特定人才和子技能上更标准化和规范化。结论:本章还探讨了使用虚拟现实来增强我们对运动表现的理解。本章为识别虚拟现实技术T在物理和体育应用方法中的研究差距提供了一个合适的平台。

关键词:虚拟现实技术(VRT);虚拟环境(VE);性能;运动

7.1 引 言

虚拟现实(virtual reality,VR)是一种交互式的实时技术,它是一个术语,用来描述计算机生成的三维环境,使用户能够与之交互和体验各种现实。用户可以通过许多不同的方式与计算机和人工环境进行交互[1]。这个想法被称为"沉浸式虚拟现实"。在沉浸式虚拟现

---

* 通讯作者,邮箱:harmanpreet. kaur@ lpu. co. in。

1.体育系,拉夫里科技大学,帕格瓦拉,旁遮普,印度。

2.电子与电气工程系,拉夫里科技大学,帕格瓦拉,旁遮普,印度。

实中,用户将沉浸在一个计算机生成的三维世界中。现代虚拟现实的基本要素是全感官输入和输出,以及沉浸在虚拟环境中。虚拟现实是一种计算机技术,在20世纪80年代首次被广泛使用。它由计算机软件、三维硬件和虚拟世界中的各种传感器数据手册组成[13]。

世界将大量使用虚拟现实技术(virtual reality technology,VRT)。随着用于休闲和游戏的低成本消费级虚拟现实头盔的发行[2,3],虚拟现实技术得到进一步应用。很明显,虚拟现实已经在网络游戏、体育、娱乐、教育、建筑等多个行业得到了广泛的应用,对社会具有重要的经济价值。"虚拟现实已经被证明是实现各种目标的奇妙工具,包括娱乐、训练、康复和人类行为。"

与传统的编程指令相比,虚拟现实更刺激,玩家更喜欢在训练过程中使用虚拟现实[4,5]。虚拟现实技术允许用户在虚拟设置中操作和创建对象,使其沉浸感和参与性更强。Sunday[20]还提到,"通过使用虚拟眼镜和手套等运动追踪器,用户可以完全沉浸在虚拟环境和工具中。"

通过使用计算机和相关技术,用户可以更方便地与虚拟现实设备进行交互[6,7]。沉浸式技术是虚拟现实技术的另一个重要组成部分。因为他们在感知上沉浸在虚拟环境中,沉浸式虚拟现实的用户几乎没有注意到他们周围的环境。因此,当来自现实世界的感官输入被抑制时,似乎一个人已经在身体上加入了虚拟环境(virtual environment,VE),并创造了一种参与生成的世界的错觉[8]。"研究人员可以通过跟踪头部运动来实时改变玩家在虚拟环境中的观点,从而提高玩家的存在感"[4]。

使用各种新的、尖端的技术工具的虚拟现实训练,使体育和体育教育从中获益良多。玩家通过这种新颖的运动训练方法来获得虚拟的游戏经验。因此,他们能够更好地应对比赛中出现的各种挑战。他们的活动极大地影响了运动员在运动中的表现[9,10]。为了给用户一种他们在现实生活中锻炼的印象,虚拟现实运动系统使用尖端技术将运动反馈平台与真实的运动整合在一起。这些系统有望在实际的运动效果中显现出来。[6]

体育运动使用各种训练技术来帮助运动员提高他们的身体准备、技能表现和团队合作。随着新技术的发展,为了提高运动员的表现,现代发展了许多新的训练技术[11]。大多数运动的最新技术是用生物力学分析来研究运动表现,但在印度训练项目中用来提高运动员身心表现的技术相对较少。虚拟现实是通过向客户端显示的创建状态编程,使客户端确信其为一个有效的域[1]。由于印度缺乏体育技术工具,限制了运动员参加高规格的国际比赛[12]。运动员的心理需求不能得到教练的充分关注。为提高运动员的身心表现,将使用更多新技术来开发新的训练技术。虚拟现实已被纳入多个行业,并已被证明是提高性能标准或学习新技能的有效工具[17]。

在体育领域,融合创新和尖端的技术,也广泛应用于体育教育和体育运动中。在基于传感器和视频的虚拟现实训练的帮助下,玩家可以在虚拟环境中接受根据游戏进行定制的训练方案,使体育教育可以变得更加吸引人和活跃[13-15]。连续体的一个极端是现实世界,它包括直接和间接的方式(通过展示)观看比赛[7]。虚拟现实技术可用于高校的体育教学,帮助学生在训练过程中有效地预防伤害[16-18]。学生可以在练习和演示动作技术时放开他们的手脚,而不用担心意外事故的发生[19-21]。"提供一个没有外界干扰的训练环境,防止运动伤害,并培养运动员对运动的沉浸感[22]。

7.2 相关研究

本节包括对学者们在体育运动中使用 VRT 的早期研究的一些分析。

(1)Benoit B.,Franck M. 和 Richard K. 调查了手球比赛中守门员对虚拟场景的真实反应。在体育应用程序中,通常需要仿生手指来复制游戏环境,如决斗的虚拟训练和体育研究。它为体育科学家提供了一个新的工具,用于研究涉及各种角色的复杂场景中的运动控制。

(2)Jeremy B. Kayur P. 和 Alexia N.证实了虚拟现实可以开启新的学习机会,特别是为教人们如何通过运动来进行物理治疗和锻炼。随着技术和对其互动功能了解的进步,我们应该通过虚拟现实体验到更多的学习好处。

(3)Robert Riener,Roland Sigrist 和 Mathias Wellner 通过测量虚拟裁判对经验丰富赛艇运动员的影响,探索了现场水平的发挥。更准确的模拟竞争行为可能会加强我们虚拟环境中的可信度错觉[23]。一种解决方案是制作一个虚拟培训师,持续评估绩效并提供适当的反馈。

(4)Richard K.,Nicolas V.,Sebastien B.,Franck M. 和 Benoit B.提出,要提高运动成绩,就需要更好地理解运动员的感知-动作循环。利用虚拟现实技术对运动成绩分为三个步骤进行分析。运动员必须尽可能真实地移动,以便从行为的角度来评估体育动作[24]。通过与玩家一起参与活动,并随着游戏情境的发展提供实时反馈,他们可以更好地帮助玩家指导自己的决策。

(5)Mylene H.,Christian C.J.,Pierre N. 和 Annie S.探讨了使用虚拟现实是否有助于识别青少年患者的注意力和约束问题[25]。与传统测试相比,使用虚拟现实进行的神经心理评估显示出对运动脑震荡的微妙影响的敏感性增强。

(6)Guangxue Li 研究了视觉感知、运动感知、听觉感知、触觉感知,以及嗅觉和味觉感知的属性,这些都是虚拟现实技术除传统计算机技术之外的特征[26,27]。将该技术应用于体育训练,提高了大学生运动员的技术水平和训练水平。虚拟现实技术在现代体育运动中的应用至关重要。因此,我们对真实运动员和虚拟 3D 运动员之间的技术差异进行了彻底的研究。虚拟现实技术可以在一定程度上得到提高,但标准的大学体育训练模态不同且不科学,教练员技术水平并不是提高大学体育训练水平和学生技战术技能的更高的现实问题。

(7)Pedro Kayatt 和 Ricardo Nakamura 研究表明,当前一代头盔显示器(Helmet Mounted Displays,HMD)的技术进步足以克服这些设备实际使用中发现的各种问题。头盔显示器提高了性能,但没有对用户体验产生不良影响。其他的应用程序领域可能会看到新的实验的实现。

（8）Emil M. 和 Ekaterina P 研究了越来越多地利用虚拟现实技术的体育训练环境。虚拟现实允许在一个现实、安全和受控的环境中进行训练,支持精确的性能测量和用户反馈。与上面列出的程序相比,我们应用程序的用户界面更逼真地模拟了跳台滑雪的方法,使它能更有效地训练[28]。这些功能应该与手势检测相结合,以尽可能最大限度地进行"智能体育训练"。

（9）Anne A. C. 和 Ineke J. M. V. H. 研究了虚拟现实中第一人称视角对这些事件的虚假、修改的回放是否会影响一个人对身体表现的记忆[29]。虚拟现实的用户特定视角和广阔的 3D 视野自然提供了强烈的沉浸感,使其成为一种极其丰富的媒体形式。在未来的研究中,有必要考察能力感和绩效动机之间关系的密切性。

（10）David L. N. , Robyn L. M. 和 Patrick R. T. 介绍了虚拟现实在体育运动中的应用,以更充分地理解本研究的发现。在一些情况下,研究人员采用了一种接近虚拟现实运动应用概念的方法。虚拟现实可以成为当前现实世界体育训练和参与的有价值的补充。研究人员、教练员和运动员可以利用虚拟现实环境来造福社会。

（1）Jonathan S. , Lewis C. , Gert j. P. 和 Leigh E. P. 探讨了在为 2018 年英联邦运动会室内赛车场创建赛道自行车模拟器时需要考虑的因素。虚拟现实在运动训练中有很大的应用潜力。通过提高保真度并从不同的运动中创建模拟器,将更容易确认该框架的普遍性,并获得更多的虚拟现实技术在性能测量和进步潜力方面的知识。

（2）Felix H. , Jan P. G. , Barbara H. 和 Stefan K. 探索了在基于 VRcave 的运动员训练环境中自动生成的增强反馈。结合我们的管道中更先进、更高级的特性可能是一种解决方案。只有当分类算法执行有效时,所得到的增强反馈才能有效。

（3）Kunjal A. , Kajal G. , Rutvik G. 和 Manan S. 研究了虚拟现实如何在教学、军队和运动员训练中使用。在使用虚拟现实进行训练时,重点关注在自习室中滥用的程序,效果良好。虚拟现实技术在所有这些学科中都很有帮助,因为它使理解概念比传统方法更直接和实用。它为各种建模活动提供了一个平台,在实际世界中,这些活动具有生或死。这对每个人来说都是宝贵的,并能显著推动体育行业的发展。

（4）Huimin L. , Zhiquan W. , Christos M. 和 Dominic K. 介绍了一个虚拟现实游戏程序,可用于创建球拍运动锻炼程序。它评估了参与者的表现是否因为参与虚拟现实训练而有所改善。用于玩虚拟现实球拍运动的应用程序和结合锻炼习惯的方法。这种方法允许用户更改成本条款的细节,我们的系统将自动生成满足用户指定训练目标的练习。未来的研究可能会带来额外的虚拟现实训练和练习游戏。

（5）Oliver R. L. F. , Kirsten S. , 和 Livvie B. 引入虚拟现实和技术来指导、技能发展和体育运动。设计和实施适当的设置,以提高绩效和学习特定技能。应用这种技术在辅导和技能获取方面取得了积极成果。与体育相关的虚拟现实技术研究将改变教练训练运动员的方式。

（6）Jian Zhou 研究了使用虚拟现实技术进行运动训练,可以产生更有效的训练效果。它将改变目前单一教师的教学方式,激发学生的兴趣,并改善学习环境。虚拟现实技术可以为学生提供理论思想和科学指导,让他们可以通过大量的高级抽象概念在游戏中学习和发展。

（7）Deniz Bedir 和 Süleyman E. Erhan 研究了基于虚拟现实的成像（virtualreality based imaging，VRBI）、视觉运动行为排练和视频建模（visual mator behavior rehearsal and video modeling，VMBR+VM）训练方法对运动员射击表现和想象技能的影响。虚拟现实技术项目的结果在表现和可视化技能方面更令人鼓舞。运动员控制过程和感受周围环境的能力是虚拟现实技术提供的一个显著优势。

（8）Man F.，Fan Y.，和 Rongqi Y. 调查了在运动康复专业实践和学术环境中使用 VRT 的情况。基于虚拟现实的技术提供了丰富的材料，一个可访问的环境来促进多样化的思维，并将学习和实践相结合。这个康复训练行业无疑将经历一场深刻的革命，使运动治疗训练技术不断进步。

（9）Stefan P.，PetriK.，Chen C. H.，Ana M. W. C.，Stirnatis M.，Nübel C. 和 Schlotter L. 勘查了有多少 VR 训练设备可以帮助运动员学习复杂的运动动作仍有待确定。受试者被要求在四组中的每一组中观看屏幕上的动作三次，每一组都接受了测试和针对初学者的各种干预。特别是，虚拟现实是学习体育专项方法的绝佳工具。整合来自培训师或化身的外部输入将有助于传达参与者运动的实际价值。

（10）Kun Zhao 和 Xueying Guo 探讨了虚拟现实技术与体育训练的结合，以及虚拟现实技术在足球训练中的应用。建立一个不受外界干扰和防止运动损伤的训练环境是至关重要的。虚拟现实技术以其优越性和高水平的模拟性，在足球训练中普遍处于领先地位。该软件平台一直是球员身体和战术活动的重要指南，显著改善了他们的心理状况和团队合作。得益于虚拟现实技术的优势，教练和运动员应该能够接受更好的训练来提高他们的能力。各种运动的虚拟现实训练项目现有工作计划如表7.1所示。

表7.1 各类运动的 VR 训练项目现有工作计划

序号	作者	年	目标	备注
1	Benoit Bideau，Franck Multon，和 Richard Kulpa	2004	在实际的手球比赛中展示守门员对虚拟环境的反应	在体育应用程序中，通常需要类似人类的人物来复制游戏环境，如决斗、虚拟训练和体育研究
2	Jeremy Bailenson，Kayur Patel，和 Alexia Nielsen	2008	测量虚拟现实提供了新的学习机会，特别是对于教人们如何进行物理治疗和锻炼等身体动作	随着技术和我们对其互动功能的了解不断进步，我们应该通过虚拟现实体验更多的益处
3	Mathias W.，Roland S. 和 Robert R.	2010	衡量虚拟参赛者的活动在多大程度上改变了经验丰富的赛艇运动员的行为，更精确的竞争模拟	离子行为可能会增强我们在模拟环境中的可信度错觉

表 7.1(续 1)

序号	作者	年	目标	备注
4	Benoit B., Richard K., Nicolas V., Sébastien B. 和 Franck M.	2010	必须更好地理解运动员的视角循环,以提高运动成绩	运动员必须尽可能准确地移动,以便技术从行为的角度评估体育活动
5	Pierre N., Annie S., Mylene H. 和 Christian C. J.	2015	检查虚拟现实方法是否有助于识别青少年的注意力和抑制能力缺陷	与常规测试相比,使用虚拟现实进行的神经心理学评估显示了对运动脑震荡的特定影响的特定敏感性增加
6	Guangxue Li	2014	加强高校运动员的技术能力和准备水平,加强体育训练	虚拟现实技术在现代运动中的应用意义重大;因此,运动中真实运动员和 3D 虚拟运动员之间的技术区别得到了彻底的检验
7	Pedro Kayatt 和 Ricardo Nakamura	2015	目前这一代的头盔显示器技术进步足以克服以前这些设备在实际使用中发现的各种问题	头盔显示器提高了性能,但没有对用户体验产生不良影响。其他的应用领域可能会看到新的实验的实施
8	Emil M. Staurset 和 Ekaterina P.	2016	虚拟现实在体育运动等训练中的使用越来越频繁	通过支持精确的性能评估和用户反馈,虚拟现实提供了在现实、安全和受监管的环境中实践的机会
9	Anne A. C. 和 Ineke J. M. V. H	2016	提出是否可以改变从第一人称视角显示的虚拟现实中的虚假受控记录中回忆自己身体表现的能力	虚拟现实的用户特定视图和广阔的 3D 视图范围自然提供了一种强烈的沉浸感,使其成为一种非常丰富的媒体形式
10	David L. N., Robyn L. M. 和 Patrick R. T.	2017	创建一个虚拟现实运动应用程序来更好地理解这项研究的发现	虚拟现实可以成为当前现实世界体育训练和参与的有价值的补充
11	Jonathan S., Lewis, Gert j. P. 和 Leigh E. P.	2018	为 2018 年英联邦运动会赛道创建赛道自行车模拟时需要考虑的因素	通过虚拟现实对运动员进行高级训练具有巨大的潜力
12	Felix H., Jan P. G., Barbara H., Stefan K.	2018	增强反馈是在一个基于虚拟现实洞穴的运动员训练环境中自动生成的	结合我们管道中更复杂的高级特性可能是一种方法

表 7.1(续 2)

序号	作者	年	目标	备注
13	Kunjal A., Kajal G., Rutvik G. 和 Manan S.	2019	在教育领域、军事训练和体育训练中使用虚拟现实技术是可能的	虚拟现实技术在所有这些学科中都很有帮助,因为它使理解概念比传统方法更直接、更实用,并且它为各种建模活动提供了一个平台,在实际世界中,这些活动带有生或死的风险
14	Huimin L., Zhiquan W., Christos M. 和 Dominic K.	2020	分析一个可用于创建球拍运动锻炼程序的虚拟现实游戏程序	当用户更新成本条款的值时,我们的技术将自动创建一个满足这些消费者目标的运动训练
15	Oliver R. L. F., Kirsten S. 和 Livvie B.	2020	分析虚拟现实和先进技术培训在教练、技能发展和运动表现方面的应用	它将改变目前单一教师的教学方式,激发学生的兴趣,改善学习环境
16	Deniz Bedir 和 Süleyman E. Erhan	2021	比较(VMBR + VM)和基于虚拟现实的成像(VRBI)训练方法,以确定它们如何影响运动员的投篮表现和成像能力	运动员控制程序和感受周围环境的能力是虚拟现实技术提供的一个显著优势
17	Man F., Fan Y. 和 Rongqi Y.	2022	考察虚拟现实技术在运动康复专业实践和学术环境中的应用	基于虚拟现实的技术提供了丰富的材料、舒适的环境来培养多样化的思维,并将学习和实践相结合
18	Stefan P., Petri K., Chen C. H., Ana M. W. C., Stirnatis M., Nübel C. 和 Schlotter L.	2022	值得讨论一下,还在确定有多少虚拟训练设备可以帮助运动员学习复杂的运动动作	对于初学者来说,虚拟现实是学习特定运动方法的绝佳工具
19	Kun Z. 和 Xueying G.	2022	探讨虚拟现实技术在足球训练中的应用,以及虚拟现实技术与体育训练的融合,以提高技能	由于在身体和战术训练中使用了虚拟现实技术,运动员的心理状态和团队合作精神都得到了显著的改善

7.3 结 论

本章探讨了先前关于虚拟现实训练如何影响运动表现的研究。找出体育虚拟现实训练领域的研究差距是本综述的主要目标。对 2004—2022 年发表的各种科学文章进行了定义和审查,以确定进一步研究的必要性。该研究的主要目的是分析和纠正玩家的表现,并评估玩家的进步。为此,所有的结构化出版物都按作者姓名、出版年份和用于识别体育领域应用的虚拟现实训练方法的技术进行了分类。需要记住的关键点是,虚拟现实是一种有用的高级训练工具,可以轻松地执行复杂的技能并评估运动表现。

因此,本研究有效地评估了虚拟现实训练应用及其对体育的影响。未来的研究建议将虚拟现实训练项目应用于各种运动的评估、受伤运动员的康复和身体健康,以提高运动员的表现。

参 考 文 献

[1] Ahir, K., Govani, K., Gajera, R., Shah, M., Application on virtual reality for enhanced education learning, military training, and sports. *Augment. Hum. Res.*, Switzerland AG, 5, 1-19, 2020, https://doi.org/10.1007/ s41133-019-0025-2.

[2] Bailenson, J., Patel, K., Nielsen, A., Bajscy, R., Jung, S. H., Kurillo, G., The effect of interactivity on learning physical actions in virtual reality. *Media Psychol.*, 7, 3, 354-376, 2008.

[3] Bedir, D. and Erhan, S. E., The effect of virtual reality technology on target-based sports athletes' imagery skills and performance. *Front. Psychol.*, 7, 2073-2078, 2021.

[4] Bideau, B., Kulpa, R., Vignais, N., Brault, S., Multon, F., Craig, C., Using virtual reality to analyze sports performance. *IEEE Comput. Graph. Appl.*, 30, 2, 14-21, 2010.

[5] Bideau, B., Multon, F., Kulpa, R., Fradet, L., Arnaldi, B., Virtual reality applied to sports: Do handball goalkeepers react realistically to simulated synthetic opponents?, in: *Proceedings of the 2004 ACM SIGGRAPH International Conference on Virtual Reality Continuum and Its Applications in Industry*, vol. 8, pp. 210-216, 2004.

[6] Bum, C. H., Mahoney, T. Q., Choi, C., A comparative analysis of satisfaction and sustainable participation in leisure and virtual reality leisure sports. *Sustainability*, 10, 10, 3475-3480, 2018.

[7] Capasa, L., Zulauf, K., Wagner, R., Virtual reality experience of mega sports events: A technology acceptance study. *J. Theor. Appl. Electron. Commer. Res.*, 17, 2, 686-

703, 2022.

[8] Cuperus, A. A. and van der Ham, I. J., Virtual reality replays of sports performance: Effects on memory, feeling of competence, and performance. *Learn. Motiv.*, 56, 48-52, 2016.

[9] Fang, M., You, F., Yao, R., Application of virtual reality technology (VR) in practice teaching of sports rehabilitation major. *Journal of Physics: Conference Series (JPCS)*, 1852, 4, 1-7, IOP Publishing, 2021.

[10] Farley, O. R., Spencer, K., Baudinet, L., Virtual reality in sports coaching, skill acquisition, and application to surfing: A review. *J. Hum. Sport Exerc.*, University of Alicante, Spain, 16, 4, 454-464, 2020.

[11] Hülsmann, F., Göpfert, J.P., Hammer, B., Kopp, S., Botsch, M., Classification of motor errors to provide real-time feedback for sports coaching in virtual reality—A case study in squats and Tai Chi pushes. *Comput. Graph.*, 76, 47-59, 2018.

[12] Kayatt, P. and Nakamura, R., Influence of a head-mounted display on user experience and performance in a virtual reality-based sports application, in: *Proceedings of the Latin American Conference on Human-Computer Interaction*, article no. 2, pp. 1-6, 2015.

[13] Li, G. X., Research on the application of computer technology in virtual reality in sports. *Adv. Mater. Res.*, 1049, 2024-2027, Trans Tech Publications Ltd. 2014.

[14] Liu, H., Wang, Z., Mousas, C., Kao, D., Virtual reality racket sports: Virtual drills for exercise and training, in: *2020 IEEE International Symposium on Mixed and Augmented Reality (ISMAR)*, pp. 566-576, IEEE, Darmstadt, Germany, 2020, https://doi.org/10.1109/ISMAR50242.2020.00084.

[15] Neumann, D. L., Moffitt, R. L., Thomas, P. R., Loveday, K., Watling, D. P., Lombard, C. L., Tremeer, M. A., A systematic review of the application of interactive virtual reality to the sport. *Virtual Real.*, 22, 3, 183-198, 2018.

[16] Nolin, P., Stipanicic, A., Henry, M., Joyal, C. C., Allain, P., Virtual reality as a screening tool for sports concussion in adolescents. *Brain Injury*, 26, 13-14, 1564-1573, 2012.

[17] Pastel, S., Petri, K., Chen, C. H., Wiegand Cáceres, A. M., Stirnatis, M., Nübel, C., Witte, K., Training in virtual reality enables learning of a complex sports movement. *Virtual Real.*, 27, 1-18, 2022.

[18] Shepherd, J., Carter, L., Pepping, G. J., Potter, L. E., Towards an operational framework for designing training-based sports virtual reality performance simulators. *Multidiscip. Digital Publ. Inst. Proc.*, 2, 6, 214, 2018.

[19] Staurset, E. M. and Prasolova-Førland, E., We are creating an intelligent Virtual Reality simulator for sports training and education, in: *Smart Education and e-Learning*, vol. 2016, pp. 423-433, Springer, Cham, 2016.

［20］ Sunday, K. , Wong, S. Y. , Samson, B. O. , Sanusi, I. T. , Investigating the effect of imikode virtual reality game in enhancing object-oriented programming concepts among university students in Nigeria. *Edu. Inf. Technol.* , 27, 1-27, 2022.

［21］ Wellner, M. , Sigrist, R. , Riener, R. , Virtual competitors influence rowers. *Presence* (*Camb*), 19, 4, 313-330, 2010.

［22］ Zhao, K. and Guo, X. , Analysis of the application of virtual reality technology in football training. *J. Sens.* , 2022, Article ID 1339434, 1-8, 2022.

［23］ Zhou, J. , Virtual reality sports auxiliary training system based on embedded systems and computer technology. *Microprocess Microsyst.* , 82, 307-334, 2nd ed. , 2021.

［24］ Kumar, S. , Rani, S. , Jain, A. , Verma, C. , Raboaca, M. S. , Illés, Z. , Neagu, B. C. , Face spoofing, age, gender and facial expression recognition using advance neural network architecture-based biometric system. *Sens. J.* , 22, 14, 5160-5184, 2022.

［25］ Kumar, S. , Jain, A. , Agarwal, A. K. , Rani, S. , Ghimire, A. , Object-based image retrieval using the u-net-based neural network. *Comput. Intell. Neurosci.* , 21, 1 - 14, 2021.

［26］ Kumar, S. , Haq, M. , Jain, A. , Jason, C. A. , Moparthi, N. R. , Mittal, N. , Alzamil, Z. S. , Multilayer neural network based speech emotion recognition for smart assistance. *CMC-Comput. Mater. Contin.* , 74, 1, 1-18, Tech Science Press. 2022.

［27］ Bhola, A. and Singh, S. , Visualization and modeling of high dimensional cancerous gene expression dataset. *J. Inf. Knowl. Manag.* , 18, 01, 1950001-22, 2019.

［28］ Bhola, A. and Singh, S. , Gene selection using high dimensional gene expression data: An appraisal. *Curr. Bioinform.* , 13, 3, 225-233, 2018.

［29］ Rani, S. and Gowroju, S. , IRIS based recognition and spoofing attacks: A review, in: *10th IEEE International Conference on System Modeling & Advancement in Research Trends* (*SMART*), December 10-11, 2021.

第8章 基于模糊逻辑在体育的系统化和结构化评估

Harmanpreet Kaur[1]*, Sourabh Chhatiye1, Jimmy Singla[2]

摘要

模糊逻辑是逻辑分析的一个子集,可以实现不确定、动态、逼近、模糊、持续和更真实的场景,这些场景更像是实际的身体和心理思维。之前对体育赛事中智能机器(AI)的研究、包括模糊逻辑方法论在内的各种跨学科方法以及体育相关实施的短缺启发了当前的工作。方法:所有相关研究都根据作者姓名、发表年份、调查的主要目标、系统输入和输出变量进行分类,然后,提供有关各种出版物中描述的研究的博学信息的注释进行系统性审查。最后,分析了体育模糊逻辑评价的几个结论。结果:本研究的结果证明了模糊逻辑方法在评估运动的准确性和有效性。尽管作者使用了多种数据挖掘方法,但这些技术的准确性低于自适应神经模糊过程。使用这种方法可以有效地识别和表示真实度和不确定性的属性。结论:本章概述了一个合适的平台,用于识别研究差距并分析运动和体育教育中的模糊逻辑方法,以便进一步研究。

关键词:模糊逻辑;评估;结构化;体育;人工智能、逻辑分析

8.1 引 言

一般来说,模糊逻辑涉及模糊的概率推理,以达到不同程度的真实性,而不是完美的。几个逻辑系统的基本概念,一般来说,模糊逻辑概念涉及具有不同真度的模糊而不是精确的概率推理的想法[1-3]。这是多值逻辑系统的基本思想[11]。虽然在体育运动中使用模糊逻辑方法仍然是相对较新的,但令人兴奋。然而,正如以下文献分析所示,利用不确定性概念的策略尚未在许多力量训练中得到检验。在体育领域,模糊逻辑技术的使用仍然是一个相当新的,但同时也是即将到来的研究领域[4,5]。然而,以下文献回顾表明,基于不确定性

---

* 通讯作者,邮箱: harmanpreet. kaur@ lpu. co. in。

1.体育系,拉夫里科技大学,帕格瓦拉,旁遮普,印度。

2.计算机科学与工程系,拉夫里科技大学,帕格瓦拉,旁遮普,印度。

的程序力量训练中尚未得到研究[11]。

　　模糊方法可以解决问题,因为它可以处理数据的模糊性、不精确性、不可预测性和评估标准。一些问题可以通过模糊方法来处理,因为该方法可以处理数据和评估过程中的不确定性、不精确性和主观性[21]。风险评估框架已经开发并投入使用,该框架受益于模糊方法,同时增强了系统的灵活性、可扩展性和适应性[6,7]。设计并实现了风险评估框架,该框架利用了模糊方法的优点,同时提高了系统的灵活性、可扩展性和适应能力[21]。

　　逻辑,也称为模糊逻辑,超越了真实和不真实陈述的二元论。使用模糊逻辑可以以一定程度的模糊性表达命题。模糊逻辑是一种超越真命题和假命题之间二元区别的逻辑[8,9]。使用模糊逻辑,命题可以用一定程度的模糊性来表示[9]。将每个语言答案与区间中包含的一组特征相关联的隶属函数可用于代表客户对体育设施提供的服务水平的看法。由于"好"的概念根据不同的客户的个性、文化和学习背景可能有不同的含义,因此当客户说体育设施的服务质量"好"时,会令人困惑。使用类似的推理,客户对体育中心服务质量的看法可以使用隶属函数来表示,该函数将每个语言响应与$[0,1]$区间中的值联系起来。例如,当客户声称体育中心的服务质量"良好"时,这个语言术语具有不确定的含义,因为"良好"一词对于不同的客户来说可能具有不同的含义,具体取决于他们的个性、文化或研究背景[9]。

　　指定参数的权重是通过体能和技术技能测量得出的[10],通常是利用模糊集,将测量数据转化为模糊值。最后,将运动员评分与体育专家的观点进行了比较,验证了该模型的可靠性。身体健康和技术技能的测量被用来确定所选标准的权重[11,12]。然后利用模糊集将测量值转换为模糊值。最后,对运动员进行排名,并与体育专家的意见进行比较,证实了该模型的可靠性[16]。这种能力使在每场比赛中评估运动员在关键位置上的表现成为可能,并建立一个完整的模型来分析球队在预定时间内的表现[13,14]。具有犹豫或直觉模糊数展开的 COMET 技术也可以用来寻找模型。这个功能将有助于创建一个整体模型来评估球队在特定时间内的表现,并允许比较球员在每场比赛中球队在特定位置上的表现。此外,该模型也可以使用犹豫或直觉模糊集泛化的 COMET 方法进行识别[16]。对大学生的身体健康状况进行全面的模糊评价,有助于在体育课中进行可接受的分组和集中训练[15-17]。它对于科学地评估学生的身体健康状况是非常重要的,具有很好的教学参考价值。为了提高学生对体育活动的兴趣,将体育与竞争和乐趣结合,达到提高学生健康水平的目的,建议在某大学尝试学生体育协会系统或俱乐部系统[18-21]。大学生体质模糊综合评价有助于体育课合理分组、有针对性的训练,对教学具有良好的参考价值,对大学生体质的科学评价具有意义和推广价值[22,23]。建议在某大学试行学生体育协会制度或俱乐部制度,激发学生对加强体育锻炼的兴趣,将体育教育与竞赛和娱乐相结合,增强学生体质,提高学生健康水平[31]。

8.2 研 究 现 状

本节内容涵盖了早期研究人员基于模糊逻辑评价对体育运动进行的大量研究。

V. Papic、N. Rogulj 和 V. Plestina 探索了一种基于模糊规则的年轻运动员侦察和评估系统。根据几个体育专业人员的经验及其对预定运动范围的适用性,对不同的运动能力测试、形态方面评估和测试自动化进行了量化。收集的值和每个测试的可测量结果的等级被输入到知识数据库中。模糊逻辑被用来增强系统的灵活性和弹性。基于网络的系统意味着拥有有效密码和用户名的在线用户可以访问构建的 ASP. NET 应用程序[24]。专家系统建立了预测接受度,并为被评估的个人提出了最佳运动。四位专家使用真实世界的数据评估了该系统的输出结果。

Jose A. M、Jae Ko 和 Martinez 提出了一种新的运动训练方法——模糊逻辑,该训练方法用于评估健身和体育服务背景下的报告质量。这项研究表明,模糊逻辑是一种可以提高客户评估数据价值的有价值技术[25],其所建立的方法是通过消除由定量标签和横向标签之间的关联引起的分类和联系偏差,以解决第三人称研究的缺陷。对从两家俱乐部收集的客户控制样本的实例分析表明了这种方法的优势。

J. Jon Arockiaraj 和 E. Barathi 使用模糊逻辑将推导引入了运动员焦虑与动机之间的关系。运动既包括生理层面也包括社会层面。在比赛中,运动员被观察到充满了紧张、担忧、恐惧和压力。生理因素和心理因素严重影响球员的表现质量。模糊逻辑可作为识别解决方案,以提高运动员的积极性并克服他们的焦虑。

Mohammad Ebrahim Razaghi 利用模糊逻辑理论,从克尔曼(伊朗)省青年和体育办公室员工的角度进行了知识管理调查,该"研究方法"是描述性的,面向应用的,通过人口普查分析一定数量的人口统计数据。Chung 等开发的标准问卷被称为"数据测量工具"。"结果"一词表明,所描述的办公室的知识管理实施情况不佳,影响知识管理实施因素的当前状态和预期状态之间存在严重不匹配[26]。

Ondrej Hubacek、Jiri Zhanel 和 Michal Polach 探索了网球运动员在 TENDIAG1 测试中的表现可以使用模糊逻辑技术进行评估,模糊方法和概率方法可用于分析网球运动员的技能水平。对数据的仔细分析表明,模糊评估显著影响了个别网球运动员的表现。通过模糊评判可以更好、更精确地求解总量,特别是对于具有相同评价分数的人。

E. Toth Laufer、M. Takacs 和 I. J. Rudas 开发了一个风险评估框架来测量生理参数,并建立了风险评估系统。这项技术适应性强,功能多样。为了便于扩展和透明,他们还创建了一个连接到数据库的通用模块化系统结构,以指定可配置子系统的属性。

Edit Toth Laufer 开发了一个基于模糊逻辑的风险评估系统,可以根据特定需求进行定制。通过一个案例研究,证明了基于自适应模糊逻辑的风险评估方法的应用价值[27],该案例研究使用生理指标作为输入参数来评估与各种运动活动相关的风险水平。

Noori 和 Sadeghi 提出了一个排球运动员天赋的智能模型,利用物理、运动学、认知、生物和技术因素的分析网络技术,基于网络参数和加权参数进行识别[28]。评估包括人体测量(上肢的长度和长度)、生物力学(灵巧性和力量)、心理学(意识和决心)、生理学(非凡的耐力和无氧)、扣球和服务(技术)。这种天赋发现过程可能是一种有价值和实用的方法来选择年轻人谁将成长为排球明星。

S. Ribagin 和 S. Stavrev 的研究结果表明,用于测试电池的措施在确定儿童的初始智力和身体发育水平方面非常成功[29]。建议将标准间分析技术应用于从体育赛事活动中的大学参与者那里采集数据,以评估测试结果的适用性。

Glazkova Svetlana Sergeevna、Babina Yulia Sergeevna 和 Babina Yulia-Sugeevna 对企业健身和体育项目进行了财务评估。通过衡量指标的有效性,使用模糊逻辑分析了促进职业体育和运动科学的费用。企业可以将研究结果应用于专业活动和体育活动。

Bartlommiej Kizielewicz 和 Larisa Dobryakova 的研究表明,即使数据不足,也有可能构建适当的评级。模糊逻辑技术对 NBA 篮球运动员排名逆转难题的抵制使其有别于其他方法。

Claudio Pinto 介绍了我们所知道的最好的情况;本研究旨在为评估体育数据(特别是职业运动队)提供一个框架,以制定政策建议,提高他们的运动成绩。它使用模糊逻辑和 DEA 技术,从效率和有效性两个维度评估职业足球队在不确定性中的数字数据集的相对性能。

W. Salabun 等介绍了一种基于比赛统计数据的多标准模型,用于评估前锋球员。模糊三角数、对称和非对称、用于模型识别。对 COMET 模型的客观结果与主观评估(如 Balloon D'or 和玩家价值)进行了对比。

Z. Xu 和 Y. Zhang 介绍了这项研究,该研究使用模糊积分的评估技术来检查对大学生进行的身体健康检查的结果。很少有孩子能保持良好的平衡,而大多数学生在体检中都取得了及格成绩。基于模糊积分的大学生体质评价技术具有普遍性和实用性[30]。使用已建立的指标体系和完整的评估模型,可以对一个班级或机构中的所有学生的整体健康状况进行广泛评估。

Fubin Wang 和 Qiong Huang 分析了运动康复训练在体育训练中的应用,并对运动康复训练的作用进行了综述和分析。它概述并解释了物理治疗训练的意义,并提供了应用它的资源。讨论了物理治疗培训在运动条件下的重要性和价值,并概述了住院康复训练场景。

G. Sun、X. Zhang 和 Y. Lin 提出了一种分析体育文化产业竞争水平的方法和确定其优势的框架。根据中国各地体育社团部门有效性的评估结果,本研究提供的评估方法优于旧的评估方法,它有助于促进中国体育文化更广泛的发展。

Q. Li、Daoyao Zhang、Y. Han 和 Y. Xie 研究了广西区域旅游产业一体化的宏观、中观和微观发展模态,并提出了发展对策。利用模糊数学建立模糊良好评价模型,对广西体育旅游资源进行无偏评价。除了注重突破,扩大体育和休闲参与体育旅游领域,合理布局和培育有吸引力的体育旅游商品外,还打算彻底开发出明显有益的体育旅游资源。

A. Scharl、Serge P. von Duvillard、G. Smekal Ralph P. 和 Arnold Baca Ramon Barónn. Bach、P. Hofmann 和 Harald Tschan 开展了一项研究,旨在评估使用模糊神经逻辑和基于增量测试数据的回归分析相结合预测测力计上最大乳酸稳定状态(maximum lectate stable state, MLSS)的能量输出(autput,P)的精度。来自不同群体的数据可能有助于创建更好、更可接受的模型,供更广泛的个人使用。

W. Zeng 和 J. LI 介绍了模糊集理论和模糊聚类分析法和因素在特定范围内的变化;研究表明,我们的排名结果是可靠和一致的。此外,当团队数量为正整数 N 时,我们的方法是可遗传的。

Xiaojing Song 提出分析数据挖掘技术在体育成绩评价中的应用。教育系统的原始数据可以使用关联规则算法转换为重要信息。可以建立绩效之间的联系,改善决策,使学生的体质受益。基于模糊逻辑的体育评价的现有工作计划如表8.1 所示。

表 8.1 基于模糊逻辑的体育评价现有工作计划

序号	作者	年份	目标	输入变量	输出	结论
1	V. Papic, Nenad Rogulj, and V. Plestina	2009	提出了一种用于侦察和评估青少年体育前景的模糊专家系统	运动、功能和形态测试	为年轻人选择和确定最佳运动	所有测试均表明,创建的系统可靠和准确
2	J. A. Martínez, Yong Jae Ko, and L. Martínez	2010	为了在体育和健身的背景下进行评估,感知服务采用了一种独特的体育管理方法:模糊逻辑	对体育健身服务质量的认知	减少有语言标签和数字标签之间的联系引起的分类和交互偏见	鼓励在体育管理研究中使用这项技术
3	J. Jon Rockiaraj and E. Barathi	2014	用模糊逻辑推导运动员焦虑与动机的关系	动员焦虑与动机的关系	模糊逻辑确定了一种解决方案,以提高他们的动机水平并克服他们的焦虑程度	球员从模糊分析中受益,减少遗憾
4	Mohammad Ebrahim Razaghi	2014	从人员的角度评估知识管理在青年和体育机构中的应用	对知识管理实施评价	规划是必要的,应优先考虑实际方面	对知识管理的影响
5	Ondrej Hubacek, Jiri Zhanel, and Michal Polach	2015	提供使用TEN-DIAG1测试电池分析网球运动员成绩和比较网球运动员的方法	用模糊技术和概率方法比较网球运动员的水平	在评估中,我们获得了相同的分数	模糊评估的应用能够更好、更准确地确定结果的整体水平

表 8.1(续 1)

序号	作者	年份	目标	输入变量	输出	结论
6	E. Tóth-Laufer, Márta Takács, and I. J. Rudas	2015	提供基模糊逻辑的风险评估框架，该框架可根据具体情况进行定制	之前的测量或患者的病史	该系统的灵活性、可拓展性和自适应能力的都了增强	这些因素被持续实施监测以调节个体
7	Edit Tóth-Laufer	2016	建立了一个基于模糊逻辑的风险评估系统，该系统可以根据具体的情况量身定制，以满足不同的要求	测量的生理值	风险因素可以调整，其他成员函数也可以调整	计算众多体育活动的风险水平
8	Mohammad Hossein Noori and Heydar Sadeghi	2018	开发一种使用主要和加权标准识别排球天赋的智能算法	人体测量、生物力学、心理和技术变量	无与伦比、半匹配、匹配、丰富和稀有	人才识别模型可能是一个可靠的工具
9	Simeon Ribagin and Spas Stavrev	2019	建议使用标准间分析方法对从参加体育运动的大学生哪里收集信息进行分析	UNWE 的一年级男生参加了"体育"科目下的篮球和乒乓球训练课程	基于直觉模糊集，该分析提供了一种解释不确定性影响的方法	本文概述了一种处理从大学生参与体育活动中收集数据的新方法
10	G. Svetlana Sergeevna, B. Yulia Sergeevna, and B. Yulia Sergeevna	2019	对企业体育锻炼进行经济评价	评估成本效益	使用模糊逻辑估计有效性	经济效益已经发展
11	Bartłommiej Kizielewicz, and Larisa Dobryakova	2020	对于数据不足的情况，仍然可以建立一个优秀的评级	COMET 是一种相互判断方法（MCDA）	分析篮球运动员的专家	使用 CONET 对所提供选项的评级灭有引起任何问题

表 8.1(续 2)

序号	作者	年份	目标	输入变量	输出	结论
12	Claudio Pinto	2020	将使用修改为模糊逻辑的 DEA 方法来评估在二维不确定面前的相对性能、效率和有效性	基于模糊 DEA 模型的体育数据分析	职业足球队的表现,相对而言	为提高他们的运动表现提出政策建议
13	W. Sałabun, Shekhovtsov, Pamučar, J. Wątróbski, B. Kizielewicz, Jakub Wieckowski, Darko Bozanić, Karol Urbaniak and B. Nyczaj	2020	创建了一个基于模糊逻辑的模糊推理系统,用于使用足球数据评估团队运动参与者	多准则决策分析技术	客观的 COMET 方法论反对主观排名,如球员价值和金球奖	对防守球员、中场球员或守门员以及其他位置球员进行评分的可能性
14	Zhenwen Xu, and Yicong Zhang	2021	基于模糊积分评价技术的大学生体质健康筛查结果检验	模糊积分的使用具有一定的推广性和适用性	证据水平、治疗研究、治疗结果调查	必须积极、科学地改善年轻人的身体健康
15	Fubin Wang and Qiong Huang	2022	考察体育训练在运动康复中的应用,总结和分析运动、体育和康复的作用	智能、健康、监控、技术	完成运动目标的提取	运动员通过身体康复治疗运动损失
16	Guoqiang S., Xinxin Z., and Y. Lin	2022	发展七维体育文化产业竞赛	实力评估和竞争力评估模型	为发展做出贡献	由于标准、评价、方法

表 8.1（续 3）

序号	作者	年份	目标	输入变量	输出	结论
17	Smekal, Scharl, and Sevillard, Serge P. Arnold Baca and Roch Pokan Ramon Barón Norbert Bach, Hofmann, and Harald Tschan	2022	在预测自行车和测力计上最大乳酸稳态（MLSS）的功率输出（P）时，使用模糊神经逻辑确定从增量测试数据中得出的回归计算的准确性	回归分析和神经模糊逻辑时精确的	通过高级人体测试确定最大乳酸稳态输出	需要更好、更美味的模型，可以应用于更广泛的人群
18	Zeng and Li	2022	运用模糊集理论和模糊聚类分析对足球俱乐部进行排名	创建一个相似的模糊矩阵和一个模糊等价矩阵	分析四个参数的敏感性	研究表明，当参数在特定范围内变化时，我们的模糊逻辑技术是可靠和稳定的
19	Xiaojing Song	2022	探讨数据挖掘技术在运动成绩管理中的应用	光宇数据挖掘技术的应用	您可能会收到指导方针、方法和绩效之间的联系	促进有益于儿童身体发展的决策
20	Li, Zhang, Yu Han, and Xie	2022	从宏观、中观和微观层面为广西乡村体育旅游提供综合发展模态并制定对策	综合休闲体育与农村生态发展	模糊综合评价模型	开发一些有吸引力的体育旅游产品

8.3　结　　论

本章分析了基于模糊逻辑的评价在体育中的影响的现有研究。该综述的主要目的是确定体育模糊逻辑领域的研究差距。因此，对 2009—2022 年发表的各种科学文章进行了定义和回顾，以确定研究需求。为了实现这项研究的目标，所有有组织的出版物都按作者姓名、出版年份进行了编目;一种用于识别应用于体育领域的模糊逻辑方法的技术;系统的研究、输入和输出变量的关键目标;以及论文的闭幕词。要记住的关键是,模糊逻辑是一种描述不确定性和评估突出结果适应性的人工智能技术。

因此,这项工作有效地对模糊逻辑在体育和游戏领域的应用和影响进行了综合评价,提出了基于模糊逻辑的运动和体能绩效评估模糊专家系统的未来研究方向。

参 考 文 献

［1］ Arshi, A. and Mahnan, A., Systematic method for assessment and training plan design using three-dimensional models derived from fuzzy logic. *8th Int. Congr. Phys. Educ. Sports Sci.*, 22, 2, 66–70, 2015.

［2］ Bisso, C. S. and Samanez, C. P., Efficient determination of heliports in Rio de Janeiro for the olympic games and world cup: A fuzzy logic approach. Int. J. *Ind. Eng. (IJIEM)*, 21, 1, 33–44, 2014.

［3］ Glazkova, S., Babina, Y., Dovgaliuk, I., Economic assessment of the costs of developing corporate sports and physical education based on a fuzzymultiple approach, in: *4th International Conference on Innovations in Sports*, *Tourism and Instructional Science*, vol. 6, issue 4, pp. 50–52, Russia, 2019.

［4］ Hnatchuk, Y., Hnatchuk, A., Pityn, M., Hlukhov, I., Cherednichenko, O., Intelligent decision support agent based on fuzzy logic in athletes' adaptive e-learning systems, in: *2nd International Workshop on Intelligent Information Technologies and Systems of Information Security*, vol. 9, issue 2, pp. 258–265, IntelITSIS, Khmelnytskyi, Ukraine, 2021.

［5］ Hubáček, O., Zháněl, J., Polách, M., Comparison of probabilistic and fuzzy approaches to evaluating the level of performance preconditions in tennis. *Kinesiologia Slovenica*, 21, 1, 98–202, 2015.

［6］ Arockiaraj, J. J. and Barathi., E., A comparative study of fuzzy logic towards the motivation and anxiety on a sportsman. *Int. J. Comput. Algorithm (IJCOA)*, 3, 3, 205–207, 2014.

［7］ Kizielewicz, B. and Dobryakova, L., MCDA-based approach to sports playersâ evaluation under incomplete knowledge. *Procedia Comput. Sci.*, 176, 3524–3535, 2020.

［8］ Li, Q., Zhang, D., Han, Y., Xie, Y., The path evaluation of integrated development of leisure sports and rural ecological environment in Guangxi based on fuzzy comprehensive evaluation model. *Math. Probl. Eng.*, 9, 5, 66–70, 2022.

［9］ Martínez, J. A., Ko, Y.J., Martínez, L., An application of fuzzy logic to service quality research: A case of fitness service. *J. Sport Manag.*, 24, 5, 502–523, 2010.

［10］ Noori, M. and Sadeghi, H., Designing an intelligent model in volleyball talent identification via fuzzy logic based on primary and weighted criteria resulted from the analytic hierarchy process. *J. Adv. Sport Technol.* (*JAST*), 2, 1, 16–24, 2018.

[11] Novatchkov, H. and Baca, A., Fuzzy logic in sports: A review and an illustrative case study in the field of strength training. *Int. J. Comput. Appl.*, 71, 6, 8–14, 2013.

[12] Onwuachu, U. C. and Enyindah, P., A Neuro-fuzzy logic model application for predicting the result of a football match. *Eur. J. Electr. Eng. Comput. Sci.* (*EJECE*), 6, 1, 60–65, 2022.

[13] Pinto, C., *Fuzzy DEA models for sports data analysis: The evaluation of the relative performances of professional (virtual) football teams*, vol. 8, 3, pp. 80–85, Munich Personal RePEc Archive, Munich Germany, 2020.

[14] Razaghi, M. E., Evaluating the implementation of knowledge management in offices of youth and sport in Iran: Fuzzy logic method. *Int. J. Sport Manag. Recreat. Tour.*, 16, 56–68, 2014.

[15] Ribagin, S. and Stavrev, S., InterCriteria analysis of data from intellectual and physical evaluation tests of students practising sports activities. *NIFS*, 25, 4, 83–89, 2019.

[16] Sałabun, W., Shekhovtsov, A., Pamučar, D., Wtróbski, J., Kizielewicz, B., Więckowski, J., Nyczaj, B., The football study case is a fuzzy inference system for player evaluation in multi-player sports. *Symmetry*, 12, 12, 2029–2033, 2020.

[17] Smekal, G., Scharl, A., von Duvillard, S. P., Pokan, R., Baca, A., Baron, R., Bachl, N., Accuracy of neuro-fuzzy logic and regression calculations in determining maximal lactate steady-state power output from incremental tests in humans. *Eur. J. Appl. Physiol.*, 88, 3, 264–274, 2002.

[18] Song, X., Discussion concerning the application of data mining technology in sports performance management. *Rev. Bras. Medicina do Esporte*, 28, 460–464, 2022.

[19] Sun, G., Zhang, X., Lin, Y., Evaluation model of sports culture industry competitiveness based on fuzzy analysis algorithm. *Math. Prob. Eng.*, 9, 5, 55–58, 2022.

[20] Tóth-Laufer, E., *A flexible fuzzy logic-based risk assessment framework*, vol. 6, p. 3, Óbuda University E-Bulletin, Budapest, Baksi UT, 2016.

[21] Tóth-Laufer, E., Takács, M., Rudas, I. J., Fuzzy logic-based risk assessment framework to evaluate physiological parameters. *Acta Polytech. Hung.*, 12, 2, 159–178, 2015.

[22] Papić, V., Rogulj, N., Pleština., V., Identification of sports talents using a web-oriented expert system with a fuzzy module. *Expert Syst. Appl.*, 36, 5, 8830–8838, 2009.

[23] Wang, F. and Huang, Q., Construction and evaluation of sports rehabilitation training model under intelligent health monitoring. *Wireless Commun. Mobile Comput.*, 5, 8, 68–72, 2022.

[24] Xu, Z. and Zhang, Y., Analysis of physical health test results of college students using fuzzy logic as an evaluation method. *Rev. Bras. Medicina Do Esporte*, 28, 378–

381, 2022.

[25] Zeng, W. and Li, J. , Fuzzy logic and its application in the football team ranking. *Sci. World J.* , 6, 9, 98–102, 2014.

[26] Kumar, S. , Rani, S. , Jain, A. , Verma, C. , Raboaca, M. S. , Illés, Z. , Neagu, B. C. , Face spoofing, age, gender and facial expression recognition using advance neural network architecture-based biometric system. *Sens. J.* , 22, 14, 5160–5184, 2022.

[27] Kumar, S. , Jain, A. , Agarwal, A. K. , Rani, S. , Ghimire, A. , Object-based image retrieval using the U-net-based neural network. *Comput. Intell. Neurosci.* , 2021, Article ID 4395646, 1–14, 2021, https://doi. org/10. 1155/2021/4395646.

[28] Kumar, S. , Haq, M. , Jain, A. , Jason, C. A. , Moparthi, N. R. , Mittal, N. , Alzamil, Z. S. , Multilayer neural network based speech emotion recognition for smart assistance. *CMC-Comput. Mater. Contin.* , 74, 1, 1–18, 2022. Tech Science Press.

[29] Bhola, A. and Singh, S. , Visualization and modeling of high dimensional cancerous gene expression dataset. *J. Inf. Knowl. Manag.* , 18, 01, 1950001–22, 2019.

[30] Rani, S. and Gowroju, S. , IRIS based recognition and spoofing attacks: A review, in: *10th IEEE International Conference on System Modeling & Advancement in Research Trends (SMART)* , December 10–11, 2021.

[31] Xu, Z. and Zhang, Y. , Analysis of physical health test results of college students using fuzzy logic as an evaluation method. *Revista Brasileira de Medicina do Esporte* , 28, 378–381, 2022.

第9章 基于多模态生物识别技术的机器学习和深度学习

Danvir Mandal[1*], Shyam Sundar Pattnaik[2]

摘要

本章介绍了多模态生物识别的机器学习和深度学习技术,还讨论了使用多模态生物特征的各种基于融合的机器学习和深度学习方法。在多模态生物识别这个概念中使用了多种生物识别技术,以提高人们在各种应用中识别和身份验证的准确性。许多基于融合的机器和使用多模态生物特征的深度学习方法在分类、识别和身份验证任务中的表现优于单模态生物识别技术。

关键词:机器学习;深度学习;多模态生物识别;分类;识别;认证;验证

9.1 引 言

智能设备的行业革命提供了基于多模态生物识别的高安全性特性。近年来,许多分类、识别和认证系统被提出并使用多模态生物特征进行说明。多种传感器及使用机器学习的多模态生物识别技术已被用于提高操作员的安全性[1]。Ma 等[2]开发的使用面部和耳朵等多模态生物特征的系统,采用了生物特征质量评估(biometric quality assessnent,BQA),提出了一种基于多种生物特征和样本数量的质量感知框架来提高识别精度[3]。

目前,已经开发了使用面部和指纹的验证系统,可以连续验证登录系统的人[4]。唇部运动和声音作为多模态生物识别技术也被用于智能手机身份验证[5]。研究人员最近提出了利用耳朵和面部作为多模态生物识别技术的年龄和性别分类问题的解决方案[6,7]。

在过去的几年中,许多基于机器学习和深度学习的算法已经使用多模态生物识别技术进行识别、分类和身份验证。在多种机器学习算法中提出并实现了生物特征融合的概念,并在 Damousis 和 Argyropoulos[8]中进行了比较和介绍。

Omara 等[9]提出并实现了一种基于混合模型的多模态生物识别思想。Zhang 等[10]提出

---

* 通讯作者,邮箱:danvir. mandal@ gmail. com。
1.电子与电气工程学院,拉夫里科技大学,帕格瓦拉,旁遮普,印度。
2.国家技术教师培训研究所,易迪加尔,印度。

了一种使用串行多模态生物特征的半监督学习框架。Shekhar 等[11]提出了利用稀疏表示的多模态生物特征识别人的方法。

使用多模态脑电图(electroencephalography,EEG)的基于机器学习算法的生物识别系统也被用于高精度的结果[12]。采用模糊遗传算法,在智能城市中利用了增强多模态生物识别技术[13]。利用多模态和机器学习技术进行磁共振成像的脑肿瘤分割和分类的挑战[14]。

许多深度学习算法也被提出用于使用多模态生物特征的识别和认证问题。Medjahed 等[15],将分数融合用于多模态生物识别系统,该系统使用深度学习方法进行人员识别。使用多模态生物度量融合,实现了一种深度强化学习方法[16]。使用深度卷积神经网络中的迁移学习,说明了监控视频的识别问题[17]。Daas 等[18]提出了一种融合手指静脉和指关节指纹的深度学习算法识别系统,并给出了较高精度的结果。

深度学习方法已被用于解决在缺少模态的面部视频中使用多模态生物识别技术的识别问题[19]。利用多模态生物识别技术识别手指静脉的金字塔方法也已实现[20]。El-Rahiem 等,Tiong 等,Begum 和 Mustafa,Attia 等,Sharma 等,Alay 和 Al-Baity,以及 Wang 等人提出了使用多模态生物特征进行身份验证和识别问题的其他基于深度学习的方法[21-27]。

在这项工作中,详细介绍和讨论了使用多模态生物特征的各种基于机器学习和深度学习的识别和认证问题。这项工作为使用多模态生物识别技术的机器学习和深度学习方法提供了参考。

9.2　基于多模态生物识别技术的机器学习

9.2.1　主要的机器学习算法

以下是 Damousis 和 Argyropoulos[8]提出的基于多模态生物识别的主要机器学习算法:
(1)人工神经网络(artificial neural network,ANN);
(2)高斯混合模型(gaussian mixture model,GMM);
(3)支持向量机(support vector machine,SVM);
(4)模糊专家系统(fuzzy expert system,FES);

在支持向量机的实现中,利用径向基核函数将输入数据映射到高维数据空间。模糊专家系统的前提空间由三个输入组成,在模糊专家系统中,采用梯形隶属函数分割每个前提输入。在高斯混合模型的开发中使用了四种混合成分,并采用广泛的实验来估算高斯混合模型中的成分权重。目前的工作中采用了三层前馈神经网络[8]。所有基于融合的机器学习算法的性能都优于基于单模态生物识别的机器学习算法。这验证了多模态生物识别技术有效提高了识别和认证系统的性能。

9.2.2　混合模型

度量学习可以显著改善识别和身份验证系统。使用学习距离度量(learning distance

metric,LDM)和以支持向量机为核心的基于多模态生物特征的分类系统已经获得了99.85%的准确率。这种准确性已经通过面部和耳朵图像获得。本章中的认证方法使用LDM和有向无环图支持向量机对其身份验证方法进行了优化。这项工作的结果过了之前使用支持向量机或K-最近邻算法的工作[9]。从每个数据集中设计两个数据集组来验证所提出的系统。一组用于训练模型,另一组用于测试。所提出的混合模型的主要目标是表示耳朵和面部图像,并开发用于人类分类的算法。

9.2.3　半监督学习方法

半监督学习方法已被用于连续使用的多模态生物识别系统,该方法讨论了多模态生物特征并行使用的问题,并介绍了所提出方法的优点。该系统采用了两个原型来实现。一个原型使用与面部匹配的指纹,而另一个原型使用与步态匹配的指纹。与并行融合系统相比,所提出的技术效果更好[10]。

本章所提出的技术建议在链的早期使用更方便的特性,在链的后期使用不太方便的特征。为了加强较弱的特征,作者在所提出的工作中使用了半监督学习方法。该系统大大提高了用户的方便性和识别任务的准确性。

9.2.4　基于脑电图的机器学习

采用多模态生物识别系统来识别和验证用户,该方法将击键动力学与脑电图相结合。这是第一个使用击键动力学和脑电图生物识别技术的同类实现。该方法为使用脑电图数据和击键动力学的识别和验证任务提供了额外的安全性[12]。

在单独使用脑电图数据的情况下,使用随机森林分类器可以找到最佳结果。在脑电图数据的情况下,无论是否进行特征选择,都得到了相同的结果。仅凭击键数据,随机森林分类器再次表现出了最佳的性能。对于击键和脑电图数据,当所有特征都被使用时,随机森林表现得更好。然而,当特征选择时,线性判别分析(linear discriminant analysis,LDA)在所有技术中取得了最佳结果。

9.3　基于多模态生物识别技术的深度学习

9.3.1　基于分数融合

基于分数融合技术融合了手指静脉和面部的生物特征,并利用卷积神经网络(convolutional neural networks,CNN)和K-最近邻算方法进行识别。使用带有噪声的数据集来验证所提出方法的性能[15]。

9.3.2　对监控视频的深度学习

迁移学习和多模态生物识别技术与深度卷积神经网络一起用于监控视频中的识别问

题。融合步态和面部特征并用于学习过程。图9.1为建议系统的流程图,该技术的分类准确率为97.3%,等误差率为0.004[17]。

图9.1　Aung 等[17]提出的多模态生物识别系统的流程图

9.3.3　基于手指静脉和指节印的深度学习方法

Daas 等[18]报道了在使用深度学习技术的识别任务中使用手指静脉生物识别技术和指节印。在这种方法中,使用了不同的融合水平。迁移学习用于提取手指静脉特征和指节印特征。图9.2为使用深度学习方法中元素融合的多模态识别系统的一般流程。

该方法的融合是在特征水平和评分水平上进行的。作者还提出了一种单模态生物识别系统,并与多模态生物识别系统的性能进行比较,所提出的多模态生物识别系统的准确率为99.89%,等误差率为0.05%。

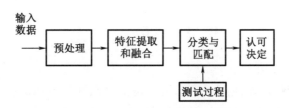

图9.2　Daas 等[18]提出的元素融合多模态识别系统流程图

9.3.4　基于面部视频的深度学习技术

相较于单一的生物识别模态系统,多种生物识别模态提供了一个强大的识别系统。Maity 等[19]提出了一种使用几种生物识别模态的多模态生物识别系统。然而,它们是从一个单一的面部视频片段中拍摄的。工作中采用的主要生物识别方式是左右耳、脸部的侧面和正面。作者观察到,即使在测试过程中缺少一些提到的模态,该系统也是稳定的。对该方法中使用的深度神经网络进行不同参数的评估,在这项工作中使用的最大隐藏层数是7个。然而,当在深度神经网络中采用5个隐藏层时,作者得到了最佳结果。

9.3.5　基于手指静脉和心电图的深度学习方法

手指静脉和心电图(electrocardiogram,ECG)作为多模态生物识别特征已被用于使用深度融合方法的认证系统[21],该方法的第一个组成部分是生物特征预处理。特征提取是生物特征数据预处理后的下一步。最后一步是身份验证。在预处理步骤中,通过滤波方法和归一化来利用每个生物特征。深度卷积神经网络从多模态生物识别中提取特征。为了对人进行身份验证,该方法使用了基于机器学习算法的不同分类器[21-30]。特征融合和评分融合结合了两种生物特征模态,即心电图和手指静脉。图 9.3 为 El-Rahiem 等提出的多模态生物特征认证系统的基本流程图[21]。

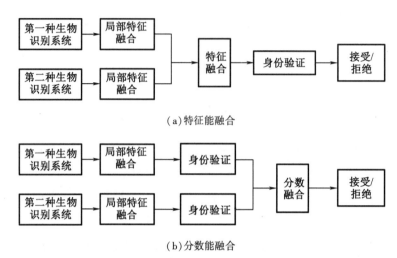

（a）特征能融合

（b）分数能融合

图 9.3　El-Rahiem 等[21]提出的多模态生物特征识别系统基本流程图

9.4　结　　论

本章探讨并说明了许多使用多模态生物特征的机器学习和深度学习技术。详细讨论了主要的机器学习算法、混合模型、半监督学习方法以及基于脑电图的机器学习方法。此外,本章还介绍了各种多模态生物特征深度学习技术,这些技术在监控视频中使用分数融合、步态和面部特征、手指静脉、指节印、左右耳、人脸侧面和正面、心电图等。结果表明,采用多模态生物特征显著提高了识别和认证的准确性。170 种多模态生物识别和机器学习技术。

参　考　文　献

［1］　Abate, A. F., Cimmino, L., Cuomo, I., Nardo, M. D., Murino, T., On the impact of multimodal and multisensor biometrics in smart factories. *IEEE Trans. Industr. Inform.*, 18, 12, 9092-9100, 2022.

［2］　Ma, Y., Huang, Z., Wang, X., Huang, K., An overview of multimodal biometrics using the face and ear. *Math. Prob. Eng.*, 2020, Article ID 6802905, 17, 2020.

［3］　Soleymani, S., Dabouei, A., Taherkhani, F., Iranmanesh, S. M., Dawson, J., Nasrabadi, N. M., Quality-aware multimodal biometric recognition. *IEEE Trans. Biom. Behav. Identity Sci.*,

4, 1, 97-116, 2022.

[4] Sim, T., Zhang, S., Janakiraman, R., Kumar, S., Continuous verification using multimodal biometrics. *IEEE Trans. Pattern Anal. Mach. Intell.*, 29, 4, 687-700, 2007.

[5] Wu, L., Yang, J., Zhou, M., Chen, Y., Wang, Q., LVID: A multimodal biometrics authentication system on smartphones. *IEEE Trans. Inf. Forensics Secur.*, 15, 1572-1585, 2020.

[6] Yaman, D., Eyiokur, F.I., Ekenel, H.K., Multimodal soft biometrics: Combining ear and face biometrics for age and gender classification. *Multimed. Tools Appl.*, 81, 22695-22713, 2022.

[7] Sarhan, S., Alhassan, S., Elmougy, S., Multimodal biometric systems: A comparative study. *Arab. J. Sci. Eng.*, 42, 443-457, 2017.

[8] Damousis, I.G. and Argyropoulos, S., Four machine learning algorithms for biometrics fusion: A comparative study. *Appl. Comput. Intell. Soft Comput.*, 2012, Article ID 242401, 7, 2012.

[9] Omara, I., Hagag, A., Chaib, S., Ma, G., El-Samie, F.E.A., Song, E., A hybrid model combining learning distance metric and D. A. G. support vector machine for multimodal biometric recognition. *IEEE Access*, 9, 4784-4796, 2021.

[10] Zhang, Q., Yin, Y., Zhan, D.-C., Peng, J., A novel serial multimodal biometrics framework based on semisupervised learning techniques. *IEEE Trans. Inf. Forensics Secur.*, 9, 10, 1681-1694, 2014.

[11] Shekhar, S., Patel, V.M., Nasrabadi, N.M., Chellappa, R., Joint sparse representation for robust multimodal biometrics recognition. *IEEE Trans. Pattern Anal. Mach. Intell.*, 36, 1, 113-126, 2014.

[12] Rahman, A., Chowdhury, M.E.H., Khandakar, A., Kiranyaz, S., Zaman, K.S., Reaz, M.B., II, Islam, M.T., Ezeddin, M., Kadir, M., A., multimodal E. E. G. and keystroke dynamics based biometric system using machine learning algorithms. *IEEE Access*, 9, 94625-94643, 2021.

[13] Rajasekar, V., Predić, B., Saracevic, M., Elhoseny, M., Karabasevic, D., Stanujkic, D., Jayapaul, P., Enhanced multimodal biometric recognition approach for smart cities based on an optimised fuzzy genetic algorithm. *Sci. Rep.*, 12, 622, 2022.

[14] Anand, L., Rane, K.P., Bewoor, L.A., Bangare, J.L., Surve, J., Raghunath, M.P., Sankaran, K.S., Osei, B., Development of machine learning and medical enabled multimodal for segmentation and classification of brain tumor using M. R. I. images. *Comput. Intell. Neurosci.*, 2022, Article ID 7797094, 8, 2022.

[15] Medjahed, C., Rahmoun, A., Charrier, C., Mezzoudj, F., A deep learningbased multimodal biometric system using score fusion. *IAES Inter. J. Artif. Intell.*, 11, 1, 65-80, 2022.

［16］ Huang, Q., Multimodal biometrics fusion algorithm using deep reinforcement learning. Math. Prob. Eng., 2022, Article ID 8544591, 9, 2022.

［17］ Aung, H. M. L., Pluempitiwiriyawej, C., Hamamoto, K., Wangsiripitak, S., Multimodal biometrics recognition using a deep convolutional neural network with transfer learning in surveillance videos. *Computation*, 10, 127, 2022.

［18］ Daas, S., Yahi, A., Bakir, T., Sedhane, M., Boughazi, M., Bourennane, E. -B., Multimodal biometric recognition systems using deep learning based on the finger vein and finger knuckle print fusion. *I. E. T. Image Process.*, 14, 15, 3859−3868, 2020.

［19］ Maity, S., Abdel-Mottaleb, M., Asfour, S. S., Multimodal biometrics recognition from facial video with missing modalities using deep learning. *J. Inf. Process. Syst.*, 16, 1, 6−29, 2020.

［20］ Bhilare, S., Jaiswal, G., Kanhangad, V., Nigam, A., Single-sensor hand-vein multimodal biometric recognition using the multiscale deep pyramidal approach. *Mach. Vision Appl.*, 29, 1269−1286, 2018.

［21］ El-Rahiem, B. A., El-Samie, F. E. A., Amin, M., Multimodal biometric authentication based on the profound fusion of electrocardiogram (E. C. G.) and finger vein. *Multimed. Syst.*, 28, 1325−1337, 2022.

［22］ Tiong, L. C. O., Kim, S. T., Ro, Y. M., Implementation of multimodal biometric recognition via multi-feature deep learning networks and feature fusion. *Multimed. Tools Appl.*, 78, 22743−22772, 2019.

［23］ Begum, N. and Mustafa, A. S., A novel approach for multimodal facial expression recognition using deep learning techniques. *Multimed. Tools Appl.*, 81, 18521 − 18529, 2022.

［24］ Attia, A., Mazaa, S., Akhtar, Z., Chahir, Y., Deep learning-driven palmprint and finger knuckle pattern-based multimodal Person recognition system. *Multimed. Tools Appl.*, 81, 10961−10980, 2022.

［25］ Sharma, A., Jindal, N., Thakur, A., Rana, P. S., Garg, B., Mehta, R., Multimodal biometric for person identification using deep learning approach. *Wireless Pers. Commun.*, 125, 399−419, 2022.

［26］ Alay, N. and Al-Baity, H. H., Deep learning approach for multimodal biometric recognition system based on fusion of iris, face, and finger vein traits. *Sensors*, 20, 5523, 2020.

［27］ Wang, Y., Shi, D., Zhou, W., Convolutional neural network approach based on multimodal biometric system with fusion of face and finger vein features. *Sensors*, 22, 6039, 2022.

［28］ Kumar, K., Sharma, A., Tripathi, S. L., Sensors and their application, in: *Electronic Device and Circuits Design Challenges to Implement Biomedical Applications*, Elsevier, Amsterdam, 2021, https://doi. org/10. 1016/B978−0−323−85172−5. 00021−6.

［29］ Prasanna, D. L. and Tripathi, S. L. , Machine and deep-learning techniques for text and speech processing, in: *Machine Learning Algorithms for Signal and Image Processing*, pp. 115-128, Wiley, Hoboken, New Jersey, U. S. , 2022.

［30］ Kumar, K. , Chaudhury, K. , Tripathi, S. L. , Future of machine learning (ml) and deep learning (dl) in healthcare monitoring system, in: *Machine Learning Algorithms for Signal and Image Processing*, pp. 293 - 313, Wiley, Hoboken, New Jersey, U. S. , 2022.

第10章 机器学习和深度学习：分类和回归问题，递归神经网络，卷积神经网络

R. K. Jeyachitra[1]* 和 Manochandar, S.[2]

摘要

信息技术的快速发展要求对系统进行智能管理。人工智能是智能系统的启用技术之一。机器学习和深度学习是人工智能的子集。本章介绍了机器学习和深度学习技术的基础知识。讨论了各种类型的机器学习技术，如有监督、无监督、强化学习和半监督学习技术。除了主要的和混合的方法外，还探索了一些关键的系统，如多任务、大纲、主动、集成、元、概念、多模态、目标学习等。讨论了回归分析的基本原理和数学推导方法。描述了线性回归和非线性回归。递归神经网络和卷积神经网络是深度学习中最常用的技术。解释了递归神经网络的不同类型和结构，给出了卷积神经网络采用的各种结构和传递函数。本章还讨论了机器学习和深度学习技术的实时应用。

关键词：机器学习；分类；深度学习；人工智能；回归；迁移学习；递归神经网络；卷积神经网络

10.1 引 言

近年来，世界一直在向智能系统发展，这使得预测和决策过程不可避免。这些过程高度依赖于数据。现代技术的发展和数字化导致了大量数据的产生。手动分析这些数据并做出决策是最复杂的决策过程，而自动化决策过程是一项具有挑战性的任务。人工智能和机器学习是数据科学的重要组成部分。机器学习是人工智能的一个子集。当一台机器而不是人完成这项工作时，它可以智能地、更快地完成工作。机器学习起源于1950年，亚瑟·李·塞缪尔(Arthur Lee Samuel)对其进行了定义。Louridas等[3]描述了机器学习过程，通过学习可以标记或未被标记的数据来执行任务。

---

* 通讯作者，邮箱：jeyachitra@ nitt. edu。
1. 电子与通信工程系，国家技术学院，蒂鲁吉拉伯利，泰米尔纳德邦，印度。
2. 工商管理硕士，CAER 工商学院，蒂鲁吉拉伯利，泰米尔纳德邦，印度。

一方面,深度学习是更广泛的机器学习家族的一个子集,它具有多层结构,可以教会计算机像人类一样思考。在深度学习中,模型学习从图像、文本或声音等各种输入中执行分类、估计和预测等任务,以实现更高的精度。最近,深度学习已经发展到有时超越人类能力的地步。深度学习是机器学习的一个特殊类别,具有不同于机器学习的特征,机器学习工作流从输入数据集中手动提取相关部分开始[3],然后利用这些特征,通过建立一个合适的模型来对数据进行分类。

另一方面,在深度学习中,相关特征是自动提取的。此外,在深度学习中给出原始数据,为了执行所需任务进行自动学习。深度学习的显著优点是,随着训练数据量的增加,其效率也会随之提高。深度学习的唯一要求是大量的训练数据和强大的计算能力,这阻碍了该技术更广泛的应用。深度学习是各种应用程序背后的关键技术,如自动变速器汽车、无人驾驶汽车、语音控制电子产品、智能家电、医疗保健、个性化营销、金融欺诈检测、情感分析、社交媒体和自然语言处理。

10.2　机器学习的分类

本节深入探讨了机器学习算法的分类。各种机器学习方法的层次结构如图10.1所示。这三种机器学习技术是主要的、混合的和其他系统。有三种主要的机器学习方法,分别为监督学习、无监督学习和强化学习。

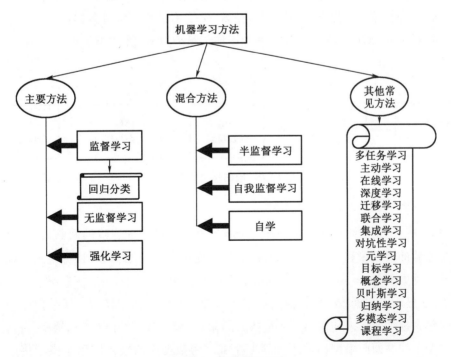

图10.1　机器学习分类

10.3 监督学习

Singh 等[1]将监督学习定义为用于生成一种算法,该算法可以使用可用数据生成一种模态来预测未来数据的输出。Mrabet 等[2]定义的两个任务可以通过监督学习算法来执行,即回归和分类。回归和分类的主要区别在于,前者可以预测数值输出,后者可以根据经验预测未来数据的类别标签。Sarker 等[39]将监督学习方法定义为任务驱动的方法,通过学习标记数据来构建模型或算法。在这种方法中,数据集同时包含输入值和输出值[3]。各种监督学习技术有神经网络、K-最近邻、决策树、随机森林、支持向量机(Support vetor machine,SVM)和朴素贝叶斯[7]。

10.3.1 回归

回归算法主要用于预测特定属性的值,通常称为统计回归。回归是预测变量的过程,它是由预测变量连续得到的[39]。线性回归、模糊分类、贝叶斯网络、决策树和人工神经网络是应用回归原理的各种方法[3]。应用回归代码的多种方法都属于特定的回归算法,如线性、多项式、套索和脊回归[39]。一致性指数可以通过观测数据和预测数据之间的秩相关来计算[40]。

图 10.2 为回归学习器模型的一般流程图[38]。任何回归学习器模型的第一步都是为应用程序选择经过验证的正确数据。下一步是选择上面列出的合适的回归算法来进行数据的拟合。在选择数据并选择合适的回归模型后,应使用回归模型对数据进行训练。模型的性能,如准确性,可以用准备好的数据进行评估。最后,如果算法满足更高的精度,则导出回归模型。

图 10.2　回归学习模型[38]

1.线性回归

由 Huang[8]定义的线性回归是一种用于将所有数据拟合成直线的回归技术,该技术提供了一个连续的因变量和一个连续的或离散的自变量[39]。一般来说,用标准线方程拟合所有数据的线性方程是 $y=mx+c$,其中 m 是斜率,c 是截距[8]。

图 10.3 显示了根据数据库提供的数据建立的基本线性回归模型。从数据库中导出的数据同时包含模型的输入和输出。通过数据的输入-输出计算截距(c)和斜率(m),进而建立回归模型。线性回归模型由截距和斜率生成。将数据库的输入应用于模型将产生模型预测的输出,因此,输出被称为期望输出。然后,将此预测的输出与来自数据库的实际输出

进行比较，以检查模型中的误差。最后，该算法计算了由截距和斜率生成的模型的效率。图10.4为由截距和斜率生成的模型的线性回归曲线。图中的点是使用散点图绘制出来的，散点图中的点（观察值）是从数据库中获得的。图10.4中所示的线（来自预测值）是绘制的回归线，给出了自变量与因变量之间的线性关系。

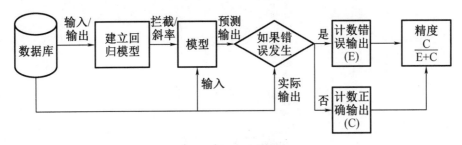

图 10.3　线性回归模型

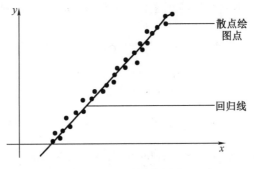

图 10.4　线性回归曲线

从图10.4中可以看出，观测值和预测值并不相等，这就导致了误差。因此，回归线的方程可以精确地写成

$$y = mx + c + e \tag{10.1}$$

其中，e 是误差项[39]。

由 Hope[42] 定义的线性回归，在拟合一组线性方程到观测值时，提供了一个最小二乘解。Orbeck[43] 对应用回归分析方法的基本假设如下。

（1）对于 x 的每个固定值，y 都是正态分布的。

（2）已知 x 和 y 的平均值之间的关系是线性的。实际的关系是 $y = mx + b$，其中 m 和 b 是常数。

（3）这些观察结果是随机独立的。

2. 离散方程

根据 Rubin[44] 的解释，由式（10.1），我们可以写出 N 个样本，

$$y_1 + y_2 + \cdots + y_N = (mx_1 + b) + (mx_2 + b) + \cdots + (mx_N + b)$$

$$\sum_{i=1}^{N} Y_i = m \sum_{i=1}^{N} X_i + Nb \tag{10.2}$$

将式（10.2）的两边同时乘以 $\sum_{i=1}^{N} X_i$，则

$$\sum_{i=1}^{N} X_i Y_i = m \sum_{i=1}^{N} X_i^2 + b \sum_{i=1}^{N} X_i \tag{10.3}$$

3. 连续方程

利用求和极限的定义[44],

$$\lim_{\substack{N \to \infty \\ \Delta t \to 0}} \Delta t \sum_{i=1}^{N} Y_i = \int_0^t Y \mathrm{d}t \tag{10.4}$$

$$\lim_{\substack{N \to \infty \\ \Delta t \to 0}} \Delta t \sum_{i=1}^{N} X_i = \int_0^t X \mathrm{d}t \tag{10.5}$$

$$\lim_{\substack{N \to \infty \\ \Delta t \to 0}} \Delta t \sum_{i=1}^{N} X_i Y_i = \int_0^t XY \mathrm{d}t \tag{10.6}$$

$$\lim_{\substack{N \to \infty \\ \Delta t \to 0}} \Delta t \sum_{i=1}^{N} X_i^2 = \int_0^t X^2 \mathrm{d}t \tag{10.7}$$

将式(10.2)乘以 Δt,并将极限应用于 $N \to \infty$ 和 $\Delta t \to 0$,可以得到

$$\lim_{\substack{N \to \infty \\ \Delta t \to 0}} \Delta t \sum_{i=1}^{N} Y_i = m \lim_{\substack{N \to \infty \\ \Delta t \to 0}} \Delta t \sum_{i=1}^{N} X_i + m \lim_{\substack{N \to \infty \\ \Delta t \to 0}} \Delta t N b$$

$$\int_0^t Y \mathrm{d}t = m \int_0^t X \mathrm{d}t + bt \tag{10.8}$$

将式(10.3)乘以 Δt,并将极限应用于 $N \to \infty$ 和 $\Delta t \to 0$,可以得到

$$\lim_{\substack{N \to \infty \\ \Delta t \to 0}} \Delta t \sum_{i=1}^{N} X_i Y_i = m \lim_{\substack{N \to \infty \\ \Delta t \to 0}} \Delta t \sum_{i=1}^{N} X_i^2 + b \lim_{\substack{N \to \infty \\ \Delta t \to 0}} \Delta t \sum_{i=1}^{N} X_i$$

$$\int_0^t XY \mathrm{d}t = m \int_0^t X^2 \mathrm{d}t + b \int_0^t X \mathrm{d}t \tag{10.9}$$

4. 回归线斜率和截距

将式(10.8)改写为

$$bt = \int_0^t Y \mathrm{d}t - m \int_0^t X \mathrm{d}t$$

$$b = \frac{\int_0^t Y \mathrm{d}t - m \int_0^t X \mathrm{d}t}{t} \tag{10.10}$$

同样地,可以将式(10.9)改写为

$$m \int_0^t X^2 \mathrm{d}t = \int_0^t XY \mathrm{d}t - b \int_0^t X \mathrm{d}t$$

$$m = \frac{\int_0^t XY \mathrm{d}t - b \int_0^t X \mathrm{d}t}{\int_0^t X^2 \mathrm{d}t} \tag{10.11}$$

将式(10.11)代入到式(10.10)中，可以得到

$$b = \cfrac{\displaystyle\int_0^t Y\mathrm{d}t - \left[\cfrac{\displaystyle\int_0^t XY\mathrm{d}t - b\int_0^t X\mathrm{d}t}{\displaystyle\int_0^t X^2\mathrm{d}t}\right]\int_0^t X\mathrm{d}t}{t}$$

$$bt = \cfrac{\displaystyle\int_0^t Y\mathrm{d}t\int_0^t X^2\mathrm{d}t - \left[\int_0^t XY\mathrm{d}t - b\int_0^t X\mathrm{d}t\right]\int_0^t X\mathrm{d}t}{\displaystyle\int_0^t X^2\mathrm{d}t}$$

$$bt\int_0^t X^2\mathrm{d}t = \int_0^t Y\mathrm{d}t\int_0^t X^2\mathrm{d}t - \int_0^t XY\mathrm{d}t\int_0^t X\mathrm{d}t + b\left[\int_0^t X\mathrm{d}t\right]^2$$

$$bt\int_0^t X^2\mathrm{d}t - b\left[\int_0^t X\mathrm{d}t\right]^2 = \int_0^t Y\mathrm{d}t\int_0^t X^2\mathrm{d}t - \int_0^t XY\mathrm{d}t\int_0^t X\mathrm{d}t$$

$$b\left\{t\int_0^t X^2\mathrm{d}t - \left[\int_0^t X\mathrm{d}t\right]^2\right\} = \int_0^t Y\mathrm{d}t\int_0^t X^2\mathrm{d}t - \int_0^t XY\mathrm{d}t\int_0^t X\mathrm{d}t$$

$$b = \cfrac{\displaystyle\int_0^t Y\mathrm{d}t\int_0^t X^2\mathrm{d}t - \int_0^t XY\mathrm{d}t\int_0^t X\mathrm{d}t}{\displaystyle t\int_0^t X^2\mathrm{d}t - \left[\int_0^t X\mathrm{d}t\right]^2}$$

$$b = \cfrac{\displaystyle\int_0^t Y\mathrm{d}t\int_0^t X^2\mathrm{d}t - \int_0^t XY\mathrm{d}t\int_0^t X\mathrm{d}t}{D} \tag{10.12}$$

式中, $D = t\int_0^t X^2\mathrm{d}t - \left[\int_0^t X\mathrm{d}t\right]^2$。

同样地，将式(10.10)代入到式(10.11)中，可以得到

$$m = \cfrac{\displaystyle\int_0^t XY\mathrm{d}t - \left[\cfrac{\displaystyle\int_0^t Y\mathrm{d}t - m\int_0^t X\mathrm{d}t}{t}\right]\int_0^t X\mathrm{d}t}{\displaystyle\int_0^t X^2\mathrm{d}t}$$

$$m\int_0^t X^2\mathrm{d}t = \cfrac{\displaystyle t\int_0^t XY\mathrm{d}t - \left[\int_0^t Y\mathrm{d}t - m\int_0^t X\mathrm{d}t\right]\int_0^t X\mathrm{d}t}{t}$$

$$mt\int_0^t X^2\mathrm{d}t = t\int_0^t XY\mathrm{d}t - \int_0^t Y\mathrm{d}t\int_0^t X\mathrm{d}t + m\left[\int_0^t X\mathrm{d}t\right]^2$$

$$mt\int_0^t X^2 \mathrm{d}t - m\left[\int_0^t X\mathrm{d}t\right]^2 = t\int_0^t XY\mathrm{d}t - \int_0^t Y\mathrm{d}t\int_0^t X\mathrm{d}t$$

$$m\left\{t\int_0^t X^2 \mathrm{d}t - \left[\int_0^t X\mathrm{d}t\right]^2\right\} = t\int_0^t XY\mathrm{d}t - \int_0^t Y\mathrm{d}t\int_0^t X\mathrm{d}t$$

$$m = \frac{t\int_0^t XY\mathrm{d}t - \int_0^t Y\mathrm{d}t\int_0^t X\mathrm{d}t}{t\int_0^t X^2 \mathrm{d}t - \left[\int_0^t X\mathrm{d}t\right]^2}$$

$$m = \frac{t\int_0^t XY\mathrm{d}t - \int_0^t Y\mathrm{d}t\int_0^t X\mathrm{d}t}{D} \tag{10.13}$$

5. 误差函数

由式(10.13)可以得到

$$mD = t\int_0^t XY\mathrm{d}t - \int_0^t Y\mathrm{d}t\int_0^t X\mathrm{d}t \tag{10.14}$$

方程左右两边的差值为

$$\varepsilon = mD - t\int_0^t XY\mathrm{d}t + \int_0^t Y\mathrm{d}t\int_0^t X\mathrm{d}t \tag{10.15}$$

对式(10.15)求偏微分,可以得到

$$\frac{\partial \varepsilon}{\partial m} = D$$

对于具有可观价值的任意增益[44],可以得到

$$\frac{\mathrm{d}m}{\mathrm{d}\varepsilon} = -k\varepsilon D = -k\varepsilon \frac{\partial \varepsilon}{\partial m} \tag{10.16}$$

6. 多元线性回归

这可以扩展到 Sarker 所示的多元线性回归,该回归由一个因变量和两个或多个自变量组成[39]。多元线性回归的回归线方程可以写为

$$y = m_1 x_1 + m_2 x_2 + m_3 x_3 + \cdots + m_n x_n + c + e$$

7. 曲线回归

如果由于变量之间的非线性关系,散点图中的点集不适合拟合成直线,那么就有必要找到一些最适合的简单曲线。如果我们从散点图的角度进行预测,那么回归类型称为 Hoel[78] 定义的曲线回归。曲线回归存在多种类型:多项式和非多项式。

8. 多项式回归

在没有任何理论原因的情况下,为了简单和灵活,有必要使用多项式来推导出表示变量之间关系的任何曲线。可以从散点图中确定较低阶多项式,以最适合散点图中的点集。为了改进从散点图中得到的曲线,利用最小二乘法找到了更精确的最佳拟合多项式[78]。

可以考虑如下方程所示的多项式:

$$y = a_0 + a_1 x + a_2 x^2 + \cdots + a_k x^k \tag{10.17}$$

9. 离散方程

对于数量为 N 的样本，

$$y_1 + y_2 + \cdots + y_N = a_0 + a_1(x_1 + x_2 + \cdots + x_N) + a_2(x_1 + x_2 + \cdots + x_N)^2 + \cdots + a_k(x_1 + x_2 + \cdots + x_N)^k$$

$$\sum_{i=1}^{N} y_i = a_0 N + a_1 \sum_{i=1}^{N} x_i + a_2 \Big(\sum_{i=1}^{N} x_i \Big)^2 + \cdots + a_k \Big(\sum_{i=1}^{N} x_i \Big)^k \tag{10.18}$$

假设样本是正交的，那么样本之间的内积为零。因此，式(10.18)可以写为

$$\sum_{i=1}^{N} y_i = a_0 N + a_1 \sum_{i=1}^{N} x_i + a_2 \sum_{i=1}^{N} x_i^2 + \cdots + a_k \sum_{i=1}^{N} x_i^k \tag{10.19a}$$

将式(10.19a)的两边同时乘以 $\sum_{i=1}^{N} x_i$，得到

$$\sum_{i=1}^{N} x_i y_i = a_0 \sum_{i=1}^{N} x_i + a_1 \sum_{i=1}^{N} x_i^2 + a_2 \sum_{i=1}^{N} x_i^3 + \cdots + a_k \sum_{i=1}^{N} x_i^{k+1} \tag{10.19b}$$

将式(10.19a)的两边同时乘以 $\sum_{i=1}^{N} x_i^2$，得到

$$\sum_{i=1}^{N} x_i^2 y_i = a_0 \sum_{i=1}^{N} x_i^2 + a_1 \sum_{i=1}^{N} x_i^3 + a_2 \sum_{i=1}^{N} x_i^4 + \cdots + a_k \sum_{i=1}^{N} x_i^{k+2} \tag{10.19c}$$

将式(10.19a)的两边同时乘以 $\sum_{i=1}^{N} x_i^k$，得到

$$\sum_{i=1}^{N} x_i^k y_i = a_0 \sum_{i=1}^{N} x_i^k + a_1 \sum_{i=1}^{N} x_i^{k+1} + a_2 \sum_{i=1}^{N} x_i^{k+2} + \cdots + a_k \sum_{i=1}^{N} x_i^{2k} \tag{10.19d}$$

10. 连续方程

将式(10.19)乘以 Δt，并将极限应用于 $N \to \infty$ 和 $\Delta t \to 0$，可以得到

$$\lim_{\substack{N \to \infty \\ \Delta t \to 0}} \Delta t \sum_{i=1}^{N} y_i = a_0 \lim_{\substack{N \to \infty \\ \Delta t \to 0}} \Delta t N + a_1 \lim_{\substack{N \to \infty \\ \Delta t \to 0}} \Delta t \sum_{i=1}^{N} x_i + a_2 \lim_{\substack{N \to \infty \\ \Delta t \to 0}} \Delta t \sum_{i=1}^{N} x_i^2 + \cdots + a_k \lim_{\substack{N \to \infty \\ \Delta t \to 0}} \Delta t \sum_{i=1}^{N} x_i^k \tag{10.20a}$$

$$\lim_{\substack{N \to \infty \\ \Delta t \to 0}} \Delta t \sum_{i=1}^{N} x_i y_i = a_0 \lim_{\substack{N \to \infty \\ \Delta t \to 0}} \Delta t \sum_{i=1}^{N} x_i + a_1 \lim_{\substack{N \to \infty \\ \Delta t \to 0}} \Delta t \sum_{i=1}^{N} x_i^2 + a_2 \lim_{\substack{N \to \infty \\ \Delta t \to 0}} \Delta t \sum_{i=1}^{N} x_i^3 + \cdots + a_k \lim_{\substack{N \to \infty \\ \Delta t \to 0}} \Delta t \sum_{i=1}^{N} x_i^{k+1} \tag{10.20b}$$

$$\lim_{\substack{N \to \infty \\ \Delta t \to 0}} \Delta t \sum_{i=1}^{N} x_i^2 y_i = a_0 \lim_{\substack{N \to \infty \\ \Delta t \to 0}} \Delta t \sum_{i=1}^{N} x_i^2 + a_1 \lim_{\substack{N \to \infty \\ \Delta t \to 0}} \Delta t \sum_{i=1}^{N} x_i^3 + a_2 \lim_{\substack{N \to \infty \\ \Delta t \to 0}} \Delta t \sum_{i=1}^{N} x_i^4 + \cdots + a_k \lim_{\substack{N \to \infty \\ \Delta t \to 0}} \Delta t \sum_{i=1}^{N} x_i^{k+2} \tag{10.20c}$$

$$\lim_{\substack{N \to \infty \\ \Delta t \to 0}} \Delta t \sum_{i=1}^{N} x_i^k y_i = a_0 \lim_{\substack{N \to \infty \\ \Delta t \to 0}} \Delta t \sum_{i=1}^{N} x_i^k + a_1 \lim_{\substack{N \to \infty \\ \Delta t \to 0}} \Delta t \sum_{i=1}^{N} x_i^{k+1} + a_2 \lim_{\substack{N \to \infty \\ \Delta t \to 0}} \Delta t \sum_{i=1}^{N} x_i^{k+2} + \cdots + a_k \lim_{\substack{N \to \infty \\ \Delta t \to 0}} \Delta t \sum_{i=1}^{N} x_i^{2k} \tag{10.20d}$$

使用式(10.4)和式(10.7)中给出的求和极限的定义[44]，式(10.20)可以写为

$$\int_0^t Y \mathrm{d}t = a_0 t + a_1 \int_0^t X \mathrm{d}t + a_2 \int_0^t X^2 \mathrm{d}t + \cdots + a_k \int_0^t X^k \mathrm{d}t \tag{10.21a}$$

$$\int_0^t XY\mathrm{d}t = a_0\int_0^t X\mathrm{d}t + a_1\int_0^t X^2\mathrm{d}t + a_2\int_0^t X^3\mathrm{d}t + \cdots + a_k\int_0^t X^{k+1}\mathrm{d}t \tag{10.21b}$$

$$\int_0^t X^2Y\mathrm{d}t = a_0\int_0^t X^2\mathrm{d}t + a_1\int_0^t X^3\mathrm{d}t + a_2\int_0^t X^4\mathrm{d}t + \cdots + a_k\int_0^t X^{k+2}\mathrm{d}t \tag{10.21c}$$

$$\int_0^t X^kY\mathrm{d}t = a_0\int_0^t X^k\mathrm{d}t + a_1\int_0^t X^{k+1}\mathrm{d}t + a_2\int_0^t X^{k+2}\mathrm{d}t + \cdots + a_k\int_0^t X^{2k}\mathrm{d}t \tag{10.21d}$$

式(10.19)和式(10.20)可以分别称为离散和连续形式的回归方程[78],该方程可以分别简化为两组方程,一个为只包含未知数 $a_0, a_2, a_2, \cdots, a_{k-1}$ 的偶数方程,另一个为只包含未知数 $a_1, a_3, a_5, \cdots, a_k$ 的奇数方程。

11. 非多项式回归

在前一节中,由于需要了解变量之间关系的性质,我们讨论了多项式回归。但是,如果了解变量之间的核心关系,我们可以使用任何形式的方程[78]。

示例1:

方程 $pv\gamma=$ 常数表示绝热条件下理想气体压力和体积之间的关系。该参数取决于可以从实验数据中获得估计值的特定气体[78]。

示例2:

用于研究简单增长现象的函数也是非多项式回归的一个例子。假设人口的增长率与其规模成正比。在这种情况下,回归函数是一个简单的指数函数。设 y 表示 t 时刻的人数,那么增长率可以写为

$$\frac{\mathrm{d}y}{\mathrm{d}t} = cy$$

$$\frac{\mathrm{d}y}{y} = c\mathrm{d}t \tag{10.22}$$

对式(10.22)的两侧进行积分,可以得到

$$\log y = ct + k \tag{10.23}$$

式中,k 是积分常数。

设 $k = \log b$,则

$$\log y = ct + \log b$$

$$\log y - \log b = ct$$

$$\log\left(\frac{y}{b}\right) = ct$$

$$\frac{y}{b} = e^{ct}$$

$$y = be^{ct} \tag{10.24}$$

让我们把 n 个点的集合写成 $(t_1, y_1), (t_2, y_2), \cdots, (t_n, y_n)$,代表时间 $t_1, t_2, \cdots, t_n$ 时不断增长的人口规模。使用最小二乘法估计 b 和 c 的值,因此定义 y_i 和 be^{ct_i} 之间的误差。最小二乘误差函数可以定义为

$$G(b,c) = \sum_{i=1}^{n} \left[y_i - be^{ct_i} \right]^2 \tag{10.25}$$

取式(10.25)关于 b 的偏导数,并将其等于 0。可以得到

$$\sum_{i=1}^{n} 2\left[y_i - be^{ct_i} \right]\left(-e^{ct_i} \right) = 0$$

$$\sum_{i=1}^{n} \left[-y_i e^{ct_i} + be^{2ct_i} \right] = 0$$

$$-\sum_{i=1}^{n} y_i e^{ct_i} + b\sum_{i=1}^{n} e^{2ct_i} = 0$$

$$b\sum_{i=1}^{n} e^{2ct_i} = \sum_{i=1}^{n} y_i e^{ct_i} \tag{10.26}$$

取式(10.25)关于 c 的偏导数,并将其等于 0。可以得到

$$\sum_{i=1}^{n} 2\left[y_i - be^{ct_i} \right]\left(-bt_i e^{ct_i} \right) = 0$$

$$\sum_{i=1}^{n} \left[-bt_i e^{ct_i} y_i + bt_i e^{ct_i} be^{ct_i} \right] = 0$$

$$-b\sum_{i=1}^{n} t_i e^{ct_i} y_i + b^2 \sum_{i=1}^{n} t_i e^{2ct_i} = 0$$

$$-\sum_{i=1}^{n} t_i e^{ct_i} y_i + b\sum_{i=1}^{n} t_i e^{2ct_i} = 0$$

$$b\sum_{i=1}^{n} t_i e^{2ct_i} = \sum_{i=1}^{n} t_i e^{ct_i} y_i \tag{10.27}$$

式(10.26)和式(10.27)对于求解 b 和 c 的值来说是具有挑战性的。要求解这些方程,可以使用数值方法,但工作量很大。这类问题可以借助于线性回归,让 $Y = \log y$、$a = \log b$,则式(10.24)可以写为

$$Y = a + ct \tag{10.28}$$

现在这个问题可以简化为将一条直线拟合到平面上的一组点的问题,从而简化为最小二乘法中的一个简单问题。利用最小二乘法估计 c 和 a 的值,进而估计 c 和 b 的值。

10.3.2　模糊分类

Hui-Min Zhang 等[9]解释了使用模糊逻辑来寻找不确定性和概率的模糊分类算法。该算法可以使用未定义的隶属函数来计算特征的隶属度。Wing-Kuen Ling[10]在 2007 年定义的模糊隶属函数主要为脉冲未定义隶属函数、三角模糊隶属函数、右侧梯形模糊隶属函数和左侧模糊隶属函数。该算法遵循 Kasabov[11]定义的一些模糊生产规则,如简单模糊规则、加权模糊生产规则和广义模糊生产规则。

图 10.5 为 Kasabov[11]提出的利用模糊隶属函数的模糊分类模型。将从数据库中获取的信息应用于具有特定规则的模糊隶属函数中,并对这些知识进行解释以获得预期的结果。

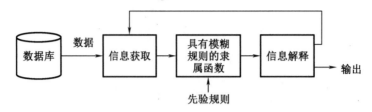

图 10.5　模糊分类模型[11]

1. 模糊隶属函数

对于集合"A",传统的集合理论中使用的集合"A"被称为脆性集合,在这个集合中,一个元素的定义为存在或不存在;而模糊集合则为以模糊函数 $f_A(x) \in [0,1]$ 为特征的集合,即

$$x \in A, if \quad f_A(x) = 1$$
$$x \notin A, if \quad f_A(x) = 0 \tag{10.29}$$

如前所述,有许多模糊隶属度函数用于执行回归操作。Wing-Kuen Ling[10] 2007 年公布并定义了一些合适的方程。

(1)脉冲模糊隶属函数为

$$f_A(x) = \begin{cases} 1, x = x_0 \\ 0, 其他 \end{cases} \tag{10.30}$$

(2)三角形模糊隶属函数为

$$f_A(x) = \begin{cases} \dfrac{x-x_0}{a_1} + 1, x_0 - a_1 \leqslant x \leqslant x_0 \\ \dfrac{x_0-x}{a_2} + 1, x_0 \leqslant x \leqslant x_0 + a_2 \\ 0, 其他 \end{cases} \tag{10.31}$$

式中,$a_1, a_2 > 0$。

(3)右侧梯形模糊隶属函数为

$$f_A(x) = \begin{cases} 1, x \geqslant x_0 \\ \dfrac{x-x_0}{a_1} + 1, x_0 - a_1 \leqslant x \leqslant x_0 \\ 0, 其他 \end{cases} \tag{10.32}$$

式中,$a_1 > 0$。

(4)左侧梯形模糊隶属函数为

$$f_A(x) = \begin{cases} 1, x \leqslant x_0 - a_1 \\ \dfrac{x_0-x}{a_1}, x_0 - a_1 \leqslant x \leqslant x_0 \\ 0, 其他 \end{cases} \tag{10.33}$$

式中,$a_1 > 0$。

2. 模糊规则

如前所述，有三种类型的模糊规则可用。1996 年 Nikola K. Kasabov[11] 对此进行了描述。在讨论模糊规则之前，首先了解模糊神经网络的体系结构，如图 10.6 所示，重要程度（Degrees of Importance，DI）连接了规则层和条件元素层，而确定性因子（Certainty Factor，CF）则通过动作元素层连接到规则层[11]。

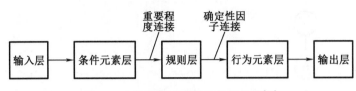

图 10.6 模糊神经网络的体系结构[11]

（1）简单模糊规则

简单模糊规则不考虑重要程度（DI）、确定性因子（CF）、噪声容限（NT）系数和敏感度因子（SF）。

（2）加权模糊生产规则

加权模糊生产规则应用了重要程度（DI）和确定性因子（CF），而不考虑噪声容限（NT）系数和敏感度因子（SF）。

（3）广义模糊生产规则

广义生产规则应用了重要程度（DI）、确定性因子（CF）、噪声容限（NT）系数和敏感度因子（SF）。

10.3.3 贝叶斯网络

Cao 等[12] 将贝叶斯网络描述为一个双向学习系统，用于分析数据集中各变量之间的概率关系。该网络通常被建模为一个包含节点和边的图，通常允许在节点之间交换数据，并利用来自模型的期望。贝叶斯网络的工作原理是链式定理[12]。贝叶斯网络是一个满足两个假设的系统，例如：

（1）给定类别变量，所有预测变量都是条件独立的；

（2）没有隐藏变量影响预测过程。考虑两个随机变量，C 和 X，分别表示类变量和观测属性值向量。

考虑要分类的测试用例，则应用贝叶斯规则来计算给定观测属性值向量的每个类的概率[41]。

$$p(C=c \mid X=x) = \frac{p(C=c)p(X=x \mid C=c)}{p(X=x)} \tag{10.34}$$

1. 贝叶斯网络的基本连接

图 10.7 显示了由 Taron 等[45] 定义的三个基本连接，分别为贝叶斯网络的串行、发散和收敛连接。如果第一节点向第二个节点发送信息，而第二个节点向第三个节点发送信息并重复此过程，则该连接称为串行连接。当单个节点向两个或多个节点发送数据时，该连接

称为发散连接。当两个或多个节点向一个节点发送信息时,链路就会收敛。贝叶斯网络遵循 d-分离性质[45],其中 d 表示方向性。d-分离是一种图形标准,规定了停止通过链连接的变量之间的信息流的条件。

如果对中间变量进行实例化,则 d-分离路径可以形成串行和发散连接,如果中间变量或其族尚未接收数据,则 d 分离路径可以包含在收敛中。

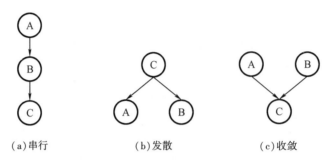

（a）串行   （b）发散   （c）收敛

图 10.7　贝叶斯网络中的基本连接[45]

2. 链式法则

根据贝叶斯定理[45],联合概率分布可以表示为条件概率的乘积。考虑变量集合 x_1,x_2,$\cdots$,x_n,变量集合的联合概率密度函数为

$$p(x_1,x_2,\cdots x_n) = \prod_i P(x_i \mid parent(x_i)) \tag{10.35}$$

现在可以将链式法则[45]应用于图 10.7。

串行: $p(A,B,C) = p(A)p(B\mid A)p(C\mid A,B) = p(A)p(B\mid A)p(C\mid B)$

发散: $p(C,A,B) = p(C)p(A\mid C)p(B\mid C)$

收敛: $p(A,B,C) = p(A)p(B)p(C\mid A,B)$

图 10.8 显示了贝叶斯网络的各种应用[46],如基因调控网络、医学、文档验证、系统生物学、turbo 代码、垃圾邮件过滤器、生物监控、图像处理、语义搜索和信息检索。

贝叶斯网络在基因调控网络中主要用于模拟系统的性能,即细胞中的 DNA 片段通过蛋白质和 RNA 表达的产物与细胞中的另一种物质合作。在医学领域中主要用于正确选择治疗疾病的药物。在生物监测领域中,可以评估血液和尿液中的各种成分,测量其在体内的化学浓度等。贝叶斯网络可以将不同的文档区分为单独的文件夹。例如,如果组织召开会议,收到来自不同领域的论文,则该算法可以分离与领域有关的文档。它还可以从数据库中检索详细的信息,类似于文档分类器。它还可以用作语义搜索,在语义搜索中可以搜索与要搜索的内容相关的内容。在图像处理中,可以将图像作为二维（2D）信号进行增强、恢复、特征提取等转换操作。它可以用作垃圾邮件过滤器,过滤邮箱中不需要的邮件。它可以在 turbo 代码中用于检测和纠正无线设备接收到的信号中的错误。

图 10.8　贝叶斯网络的应用[46]

10.3.4　决策树

Nevada 等[13]演示了决策树算法,该算法将数据集转换为具有内部节点和叶节点等两种类型节点的树状结构。树中的内部节点用于测试数据集中的所有数据,叶节点用于对特定的数据进行分类。决策树形式有分类、回归、决策树森林和 K-means 聚类。图 10.9 显示了由根节点、内部节点和叶节点组成的决策树。决策树主要依赖分治过程来识别树中的最佳分割点。Qomariyah 等[47]分析了可以用各种决策树算法表示为成对比较的有序数据。

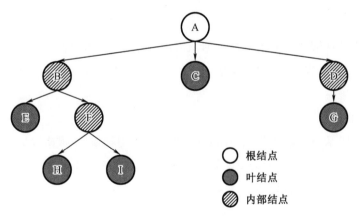

图 10.9　决策树

10.3.5　人工神经网络

由 Uhrig(1995)[14]定义的神经网络通常包括三层或更多层的处理元素:输入层、缓冲层和输出层。图 10.10 显示了人工神经网络的体系结构,包括三层:输入层、缓冲层和输出层。

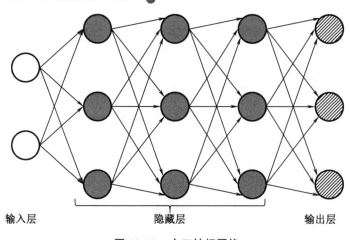

图 10.10　人工神经网络

神经网络的第一层是输入层,最后一层为输出层。中间层为缓冲层,处理来自输入层的数据,并将其发送到下一个中间层或输出层。一般来说,学习和召回是人工神经网络的两个主要过程。神经网络中最常用的学习算法是 Hebbian 学习、Delta 规则学习和竞争学习。一个召回过程是在没有任何反馈的情况下发生,通常被称为从一层到另一层的前馈召回过程;另一个召回过程是反馈召回过程,在该过程中,输出信号被多次反馈到输入端,直到满足收敛标准。神经网络可以用于各种应用程序,如伺服控制系统、噪声滤波、图像数据压缩等。

10.3.6　分类

分类算法用于理解各种输入数据如何从可用数据集中归入特定的类别,以预测未来的数据。逻辑回归、随机森林、支持向量机、分类树等是采用 Louridas 等[3]给出的采用分类原则的方法。

1. 物流回归

如图 10.11 所示,Yang 等[15]展示的物流回归,利用梯度下降算法的原理进行数据分类。为了使误差最小化,采用梯度下降算法求解损失函数的最佳参数。该算法使用 sigmoid 函数使多元线性回归函数非线性[15]。sigmoid 函数表示为

$$p = \frac{1}{1+e^{-(mx+c)}}$$

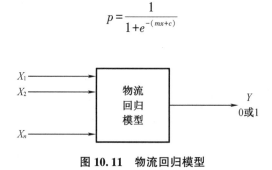

图 10.11　物流回归模型

图 10.12 为使用物流回归算法预测的回归曲线。该曲线为呈指数上升的曲线,当自变量的值接近于零时,因变量缓慢增加,随着自变量的增加,因变量增加的速度变大,如果自变量移动到无穷大,因变量保持不变。图 10.13 比较了线性回归曲线和物流回归曲线,前者为直线,后者为曲线。

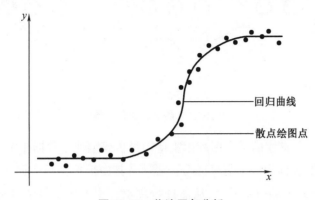

图 10.12 物流回归分析

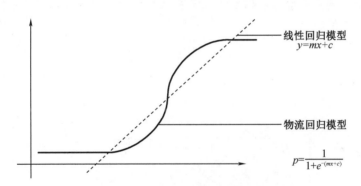

图 10.13 线性回归曲线与物流回归曲线的对比

2. 随机森林

该算法由 Jaiswal 等[16]定义,可用于回归和分类问题。名称中的术语森林被称为树的集合,而随机森林是分类树的集合,也被称为决策树。决策树由一个叶节点和一个中间节点组成。前者提供类变量或决策变量、预测变量或自变量的成员,后者提供其他变量的实体。随机森林算法用于构建许多决策树,并在森林的底部添加一棵新树。每棵树都有自己的分类,森林必须从所有可用的树中选择投票最多的类型。图 10.14 显示了随机森林分类器,其中形成了许多决策树,并将每棵树的所有决策相加以获得期望的结果。

3. 支持向量机

与随机森林一样,Ghosh 等[17]定义的支持向量机也用于分类和回归问题。支持向量机有两种类型,即超平面方法和核函数方法,其中前者是线性分类器模型,后者是非线性分类器模型。支持向量机用于调查来自数据集的数据,并识别模态或决策边界。它被用于各种应用中,如过滤收件箱中的垃圾邮件,从照片中检测面部,识别生物模态等。

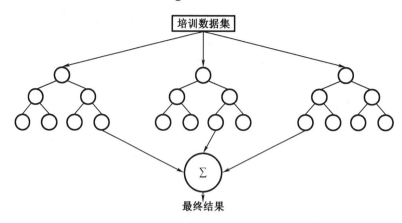

图 10.14　随机森林分类器

图 10.15 显示了数据库的散点图和由支持向量机模型使用数据库中可用的数据形成的超平面。支持向量机被称为一个超平面分类器[48]，其中形成了超平面类 $wx+b=0, w\in R^n$，$b\in R$，对应于函数 $f(x)=sign(wx+b)$，从而进行决策。支持向量机的目标是预测最优超平面，使两个类之间的分离距离最大。超平面可以通过求解约束二次优化问题来构建。方程 $wx+b=0, w\in R^n, b\in R$ 的解为

$$w = \sum_i v_i x_i \qquad (10.36)$$

其中，x_i 是训练模型中保留在边缘的子集。

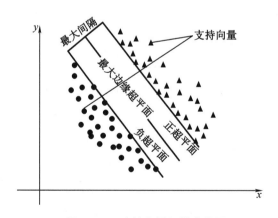

图 10.15　支持向量机的曲线图

最优超平面与连接两个类的线正交，并在一半处重叠。由权重向量和阈值组成的超平面方程为

$$y_i.(w.x_i+b)>0 \qquad (10.37)$$

现在重新缩放权值和阈值，使最接近超平面的点必须满足

$$|w.x_i+b|=1 \qquad (10.38)$$

通过重新缩放，可以得到满足该条件的超平面的 (w,b)

$$y_i.(w.x_i+b)\geqslant 1 \qquad (10.39)$$

边缘垂直于超平面测量，为

$$间隔 = \frac{2}{\|w\|} \tag{10.40}$$

其中，$\|w\|$ 是向量的范数。

如前所述，目标是最大化这个边际，因此必须在 $y_i (w.x_i+b) \geqslant 1$ 的情况下最小化 $|w|$。

10.4　无监督学习

Mrabet 等[2]定义的无监督学习用于在训练阶段识别数据所属的类，或在没有系统先验知识的情况下计算输入数据的数值。在这种方法中，数据集只包含输入值，而没有在特定的输入处指定系统的解决方案(输出)。该学习过程为聚类算法，如 K 均值聚类、层次聚类、遗传算法、高斯混合模型等[3]。无监督学习[49]称为无定向学习。这种学习方法的主要目标是在没有任何先验知识的情况下，自动构建数据集中的内置模态。

1. 聚类

一般来说，Rana 等[49]定义的聚类将相似的模态分组到一个单独的集群中。对数据集中的相似模态进行聚类可以减少处理时间并简化数据访问。文献中的各种聚类算法有 K 均值聚类和层次聚类。

2. K 均值聚类

K 均值聚类是一种利用 K 均值算法的聚类过程，其中数据集不理解各种类别(通常称为无监督算法)。如 Rana 等[49]所示，K 均值聚类背后的基本思想是计算 K 个数据元素之间的欧氏距离，并根据到质心的距离将数据元素移动到适当的簇中。每个类都有自己的质心，所有的数据元素用质心来测量其距离。当数据元素之间的距离小于其他质心时，数据元素移动到特定类型。

算法

步骤 1：将聚类中心(质心)的数量初始化为 c；

步骤 2：初始化每个集群中心的质心；

步骤 3：计算每个数据元素与质心之间的欧氏距离；

步骤 4：将每个数据元素移动到欧式距离比其他质心小的质心；

步骤 5：重复该过程，直到所有数据元素都到达质心，然后转到步骤 3；

步骤 6：当没有未聚类的数据元素时停止该过程。

K 均值算法[49]，在不预先知道几个组的情况下将数据聚类到不同的集群中。该算法具有较高的预测精度，适用于包含大量数据的数据集，并且对数据集中的噪声更加敏感。

3. 层次聚类

Rana 等[49]定义的三种层次聚类方法为连锁聚类、完全连锁聚类和平均连锁聚类，分别将一组到另一组的距离除以最短、最显著和平均长度形成。由集合之间的短距离形成的单个连接簇可以称为连通性或最小值法。由组间最显著距离形成的完整连锁聚类可称为直径法或最大值法。

算法

步骤 1:初始化集群,其中数据集中的所有数据元素都可以用这些初始化的集群来分配,每个数据元素都被认为是一个初始集合,即组的数量等于数据元素的数量,比如 n;

步骤 2:初始化序列号 $S_n = 0$;

步骤 3:确定最接近的集群并合并它们,合并后的集群可以被视为一个新的集群,并增加 S_n 值;

步骤 4:计算新现有集群和旧现有集群之间的距离,合并空间最小的任意两个组,并增加 S_n 值。

步骤 5:重复步骤 4,直到 $S_n + 1 = n$;

步骤 6:达到 $S_n + 1 = n$,停止该过程。

图 10.16 显示了分层聚类算法的分步过程,其中数据集中出现的 6 个数据点被初始化为 6 个聚类,然后根据集合之间的最小距离对集群进行分组,因此,在后续的迭代中减少了集合的数量。

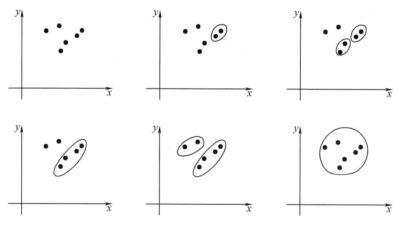

图 10.16 分层聚类算法的具体步骤

10.5 强化学习

强化学习是 Tan 等[4]定义的机器学习算法之一,用于在没有任何数据的情况下向他人学习。模型必须对正确或不正确的结果分别给予奖励和惩罚。从奖励和纪律出发,该模型可以学习和更新该系统的知识。这种方法可以在特定或不确定的环境中工作,该环境会根据作为奖励或惩罚而获得的分数定期进行调整和实现。Yu 等[5]也对其进行了定义,即学习环境和试图通过采取适当的行动来增加奖励的试错过程。在 Spielberg 等[6]定义的强化学习中,充当控制器的代理通过应用一些操作与环境交互。因此,代理将会在离散的时间步长中从环境中获得一些奖励点数。从环境中获得的奖励被用来确保选择最佳和最优的行动[2]。图 10.17 显示了强化算法[50]的处理过程。

强化算法的主要目标是建立一个代理，即策略和学习器算法，以成功地处理任何给定情况下的任务。当代理使用某种策略将动作应用于给定的情况时，代理就会得到解释和奖励。根据这些提示，代理可以更新战略计划。

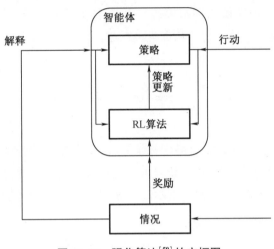

图 10.17　强化算法[50]的方框图

10.6　混　合　方　法

机器学习的混合方法包括半监督学习、自我监督学习和自学学习。

10.6.1　半监督学习

Zeebaree 等[18]定义的半监督算法是一种同时使用有标记数据和未标记数据来训练机器的算法。它存在于有监督算法和无监督算法之间。聚类、降维和分类过程可以利用半监督算法，该算法在管理学习方法中引入了使用标记数据的模型，并将其与具有未标记数据的无监督模型进行了比较，因此，可由机器收集特征。为了确保无监督算法的准确性，该算法使用较少标记数据进行训练，以获得有关数据集的信息，并具有更大量的未标记数据。在这类学习中使用的各种方法有自我训练、共训练、半监督支持向量机、基于图的方法和生成模型。

10.6.2　自我监督学习

在 Zhao 等[19]给出的自我监督学习中，使用无监督模型为数据集中出现的数据创建标签，将未标记的数据变成有标记的数据。带有标记的数据可以使用有监督的学习算法进行训练，该学习算法主要用于各种应用中，如将灰度图像转换为彩色图像、解谜问题、建模语言等。

10.6.3　自学习

监督算法中缺乏训练数据的问题可以使用半监督学习算法来解决,在该算法中,使用较少的标记数据和许多与标记数据分布相同的未标记数据。但是,获得具有相同标记数据分布的未标记数据是一项挑战。Li 等[20]提出了更有效的算法,即自学习,用于避免限制相同的分布,该学习过程用于使用稀疏编码机制从未标记的数据中构建更高层次的表示,稀疏编码机制用于对遵循指数分布的数据集进行建模。

10.7　其他常见方法

机器学习算法的其他常见方法有多任务学习、主动学习、大纲学习(增量学习和顺序学习)、深度学习、迁移学习、联邦学习、集成学习、对抗性学习、元学习(度量学习)、目标学习、概念学习、贝叶斯学习(分析性学习)、归纳学习、多模态学习和课程学习。

10.7.1　多任务学习

根据 Zhang 等[21]的研究,多任务学习的主要目标是在多个相关任务中利用有价值的信息。任务聚类、分解、低秩、特征和任务关系学习方法是利用这种多任务学习过程的方法。多任务学习过程与多种其他学习算法一起使用,如主动学习、强化学习、无监督学习、多视图学习算法等。与单任务学习相比,该算法使用了大量的数据。

10.7.2　主动学习

主动学习过程可以克服各种机器学习算法中耗时的问题。Calma 等[22]阐述了该学习过程的主要目标,即执行样本选择过程,在该过程中,该算法选择具有最多信息的样本进行标记。因此,该算法只训练从数据集中选择的片段,从而减少了处理时间。三种主要的主动学习方法分别是基于流的主动学习、成员查询学习和基于池的主动学习。

10.7.3　大纲学习

大纲学习有两种类型:增量学习和顺序学习。

1.增量学习算法

Polikar 等[23]将增量学习算法定义为选择最有用的训练数据的学习过程,从而使分类器的体系结构得到增长或减少。最常见的增量学习算法之一是 Learn++,它源自 AdaBoost(自适应增强)算法。存在两个课堂问题,即弱学习者和稳健学习者。前者不采用增压程序,后者采用增压系统,提高了分类性能。因此,建立该算法主要是为了提高弱分类器的性能[23]。

2.顺序学习

Kataria 等[24]将顺序学习定义为一种学习过程,用基于时间序列的数据表示对系统进行分析和建模,这些数据表示可能是非数据自适应的(离散小波变换、离散傅里叶变换和随机映射)，数据自适应的(自适应主成分分析和奇异值分解)和基于模型的方法(自回归移动平均和马尔可夫链)。各种时间序列算法分别是在线序列学习算法和在线序列极值学习算法(OSELM 的各种变体分别是 Re-OSELM、k-OSELM 和 OS-Fuzzy-ELM)。

10.7.4 转移学习

Zhuang 等[26]将迁移学习定义为一种通过共享过程将从学习过程中获得的知识传递给他人的学习技术。这是基于心理学家 C. H. Judd 提出的转移理论的原理，该定理指出，经验可以从学习迁移中产生，即一个人应该知道如何分享从学习中获得的知识。例如，如果一个组织包含一个带有标签的数据集，而另一个组织有另一个数据集[26]。

10.7.5 联合学习

Li 等[27]所描述的分布式优化问题存在各种挑战，如昂贵的通信、系统异构性、统计异构性和隐私问题。为了解决这些挑战，开发了联合学习。联合学习是一种远程训练统计模型，以在不减少用户体验的情况下实现预测特征的学习过程，这个过程涉及一个单一的全球统计模型，从数千万到数百万个位于远程位置的设备中开发出来[27]。

10.7.6 集成学习

Huang 等[28]阐述了集成学习背后的原则:集合(学习者组)比单个学习者具有更稳健的知识。开发集成学习的过程如下:

(1)所有的弱成分学习者(基础学习者或成员学习者)都应该使用适当的算法进行训练;

(2)请选择最好的成员学习者，并结合起来形成一个强大的学习者。

用于这类集成学习的算法为 AdaBoost(自适应 Boost)和绑定算法。

10.7.7 对抗性学习

Tygar(2011)[29]将对抗性学习定义为即使出现标记不正确的数据，算法也能完美工作的学习过程。其中一种利用对抗性学习的算法是拒绝负面影响(Reject On Negatire Impact，RONI)，它拒绝训练输入，因为训练输入会误导分类器模型[29]。

10.7.8 元学习

元学习是由 Hospedales 等[30]定义的，它净化了从各种机器学习算法中获得的知识，用于提高未来的学习性能。开发学习过程的三种方法分别是优化、黑箱/基于模型和度量/基于非参数[30]。

Hospedales 等[30]清楚地解释了度量学习过程背后的原理:通过将测试过程获得的验证点与训练过程获得的验证点进行比较来预测匹配训练点的标签。这个过程可以通过匹配神经网络、暹罗神经网络、原型神经网络、图神经网络和相关的神经网络来完成。

10.7.9　目标学习

Vowels 等[31]将目标学习定义为通过使用从影响曲线中提取的正则化方法来减少残余偏差的学习过程。目标学习所涉及的三个步骤如下：

(1)首先,借助条件均值估计器量,应首先估计条件均值;

(2)其次,使用倾向得分(被分配治疗的条件概率)来估计倾向得分;

(3)最后,使用倾向得分来更新条件均值估计器。

10.7.10　概念学习

Mirbakhsh 等[32]将概念学习定义为当不同的环境朝着一个共同的目标共同努力时,它会发现困难,从不同的环境中学习知识(概念)并与其他领域共享信息的学习过程。概念学习的主要原则是从对象和特征的角度来探索"概念学习与改革"。

10.7.11　贝叶斯学习

由 Chen[33]在 1969 年定义的贝叶斯学习,是利用从学习过程中观察到的简化最优信息中获得的系数进行贝叶斯估计的学习过程。这从先验知识中提供了最佳和最优的系统模型,并需要改进其由于统计、结构复杂性等造成的弱点。它利用贝叶斯定理来克服上述缺点。这可用于有监督学习和无监督学习。

Ibid 等[34]阐述的分析学习背后的主要原理是,它使用一组解析方程来为应用程序构建模型。该模型只有在体系结构和应用程序行为假设相匹配的情况下才能工作,它可用于各种应用,如模板计算和快速多极方法[34]。

10.7.12　归纳学习

Dzeroski 等[35]定义的归纳学习,是在经验数据库中使用逻辑或目的来确定关系集的学习过程。在这个学习过程中最常用的算法是 LINUS,定义为归纳数据库中正负元组之间的虚拟关系的归纳逻辑编程系统。

10.7.13　多模态学习

Zhang 等[36]将多模态学习定义为基于嵌入的学习过程,该过程从多模态数据而不是从单模态数据中学习,以提高学习过程的准确性,可以通过无监督学习方法、监督学习方法、零样本学习方法或基于变换的方法来实现。

10.7.14　课程学习

Wang 等[37]将课程学习定义为将模型从更详细的数据训练到复杂数据的学习过程。这复制了人类的课程,即学习从基础到高级。数据级广义课程学习是在 T 个训练阶段的重加权目标训练分布。当目标任务难以分析,且具有噪声、质量不均和异构数据明显分布时,这个学习过程是为了更好、更快的学习。

10.8 深度学习技术

深度学习用于各种深度神经网络应用,包括四种常用的架构:卷积神经网络、自动编码器、限制玻尔兹曼机和长短期记忆(long short term memory,LSTM)[25]。

卷积神经网络是最流行的通过识别特定特征来分析视觉图像的架构。常用的卷积神经网络架构是 AlexNet、Inception、ResNet、VGG 和 DCGAN[25]。自动编码器是一种采用无监督算法,利用降维技术将原始数据集转换为简化数据集的技术。它由一个编码器和解码器组成,用于概括维度过程的主成分分析的操作[25]。

限制玻尔兹曼机(Restricted Boltzmann Machine,RBM),利用无监督学习算法使用无标记数据进行模型构建。该模型的构建是通过学习数据集中未标记数据的概率分布来完成的[25]。长短期记忆架构通过保留初始状态的信息设计了递归神经网络。因此,为了感知状态,这个模型需要一定数量的内存来存储这些信息[25]。最常用的深度学习架构,如递归神经网络和卷积神经网络,将在以下章节中进行解释。

10.8.1 递归神经网络

递归神经网络通过在时间动态行为的基础上连接各个节点来创建循环,也就是说,它允许一些节点的输出影响某些节点的后续输入[51]。递归神经网络结构主要是为顺序数据而设计的,这些网络可以处理可变长度的输入序列,它们适用于手写识别[52]和语音识别[53]。递归神经网络的详细架构如图 10.18 所示,简单递归神经网络的结构如图 10.19 所示。

递归神经网络也指具有无限脉冲响应的网络,而卷积神经网络则指具有有限脉冲响应的网络。有限脉冲和无限脉冲递归神经网络除了直接由神经网络控制外,还具有存储状态,这种存储状态可以通过使用另一个网络或图引入反馈或时间延迟来替代。这种可以保持的状态被称为门控状态,它是长短期记忆和门控循环单元(gated recurreat Uits,GRU)的组成部分。"隐藏到隐藏""隐藏到输出"和"输入到隐藏"是三种类型的深度 RNN 技术。与卷积神经网络相比,递归神经网络的额外优势是特征兼容性较低,学习难度最小。递归神经网络的缺点是它对梯度爆炸和消失问题的敏感性。在训练阶段,当大的或小的导数被重复时,角度呈指数衰减。此外,当网络停止考虑在新的输入数据上的初始数据时,灵敏度就会衰减。这个问题可以通过使用长短期记忆技术来克服[54]。当给出新的输入数据时,网络就会停止思考最初的那些;这种敏感度会随着时间的推移而衰减。这个问题可以通过使用长短期记忆得到纠正。如后面的章节所述,递规神经网络中的残余连接可以减少消失的梯度效应。

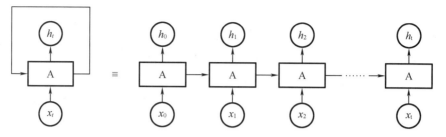

图 10.18　递归神经网络详细的体系结构

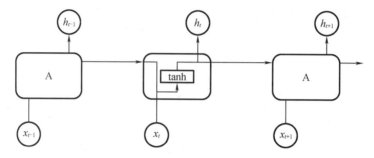

图 10.19　简单递归神经网络

RNN 有四种不同的结构,用于解决不同类别的问题,如图 10.20 所示。

(a)一对一:用一个输入和一个输出来解决这个问题。

(b)一对多:用一个信息和许多结果来解决这个问题。

(c)多对一:用多个输入和一个输出来解决这个问题。

(d)多对多:用各种输入和输出来解决问题。

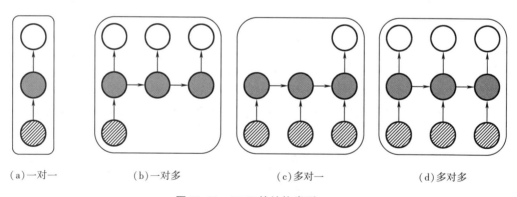

(a)一对一　　　　(b)一对多　　　　(c)多对一　　　　(d)多对多

图 10.20　RNN 的结构类型

1. 长短期记忆

长短期记忆充当内存块,形成递归神经网络体系结构的构建块,一方面,它在网络中用于提供到内存块的循环连接。每个内存块都有许多单元格,它们可以保存网络的长期特性。另一方面,它也控制着由门控单元完成的信息流。长短期记忆的主要作用是增强递归神经网络的记忆,以便在很长一段时间内记住输入。长短期记忆由三个门组成:信息、遗忘和输出。递归神经网络中使用的长短期记忆结构如图 10.21 所示。

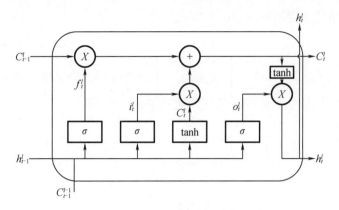

图 10.21　长短期记忆细胞

2.门控循环单元

门控循环单元是长短期记忆的一个变体。门控循环单元由两个门组成，一个是更新门，另一个是复位门。这些门的设计是为了长时间存储信息，而不会在特定时间消失，它主要用于解决梯度消失问题。门控循环单元体系结构如图 10.22 所示。

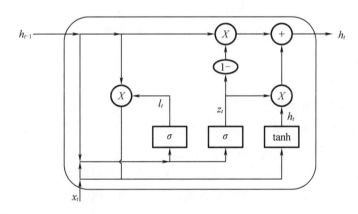

图 10.22　门控循环单元的单元格

10.8.2　卷积神经网络

卷积神经网络是深度学习技术中最流行的算法；因此，它通常应用于不同的应用。卷积神经网络与其他方法的主要区别是它可以在不受人为干扰的情况下自动识别相关特征。各种实时应用包括图像[55]、音频[56]和视频识别[57]、语音处理[58]、生物识别[59]、计算机视觉[60]等。

卷积神经网络的主要优势为：

（1）卷积神经网络的权值共享能力使其能够减少可训练参数的数量，从而支持网络的泛化，避免过拟合；

（2）通过学习特征提取和分类层，网络输出可以高度依赖提取的特征并进行高度组织；

（3）卷积神经网络用于实现大规模网络，这比其他相关技术要容易得多。

卷积神经网络的流程图如图 10.23 所示。

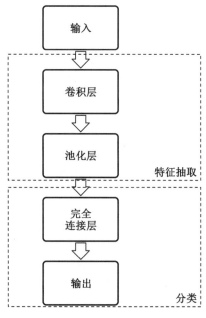

图 10.23　卷积神经网络流程图

卷积神经网络的架构包含四个主层[61,62],如图 10.23 所示,简要说明如下。

1. 卷积层

在卷积神经网络架构中,最重要的一层是卷积层。它由卷积滤波器组成,卷积滤波器组是网格形式的离散权值。在训练过程开始时,给过滤器分配随机的权值。然后,内核在学习重要特征时进行调整。卷积神经网络的输入是多通道的视觉图像。RGB 图像有三个通道,而灰度图像只有一个单轨道。首先,该思想由内核在水平和垂直方向上进行缩放,得到种子和输入图像的点积。这个过程一直执行到内核滑过整个图像。输出的特征图由得到的点积值获得。应用程序类型决定了卷积滤波器的填充值和步幅值。步幅值决定了特征图的大小,如果步幅值较高,则特征图的维度较小。填充值决定了输入图像的边界信息;通过将其应用到垫上,输入图像的大小变小。由于矩阵运算比卷积神经网络中的点积更昂贵,因此这既有效又降低了成本。此外,卷积神经网络中的相邻层没有分配权重。学习整个输入的一组结果可以降低成本和训练时间,因为不需要学习额外的权重。卷积神经网络中最常用的滤波器如下:拉普拉斯滤波器、Prewitt 滤波器、Sobel 滤波器等。

2. 池化层

池化层的主要功能是通过子采样将大尺寸特征图缩减为小尺寸特征图,其在池化的每个阶段都保持主导信息。内核的大小和步幅首先在池化操作之前进行分配,类似于卷积层。几种池化方法包括树池化、门控池化、平均池化、最小池化、最大池化、全局平均池化(globel average posling,GAP)和全局最大池化。根据应用程序选择适当的池化类型。最常用的池化方法是最大值(最大池化)、最小值(最小池化)和全局平均池化。在许多情况下,整个卷积神经网络的性能取决于池化层,因为它在决定输入图像是否包含某一特征和准确定位部分方面起着重要的作用。

3. 激活功能

激活层的主要功能是将输入映射到输出。信息的计算使用偏差和神经元输入的加权总和。这决定了激活函数是否必须使用一个神经元的特定信息来生成相应的输出。非线性激活函数，其中输入和结果之间的关系是非线性的，在卷积神经网络中使用所有层的权重。这些层支持卷积神经网络架构来学习更复杂的事情。由于激活层使用误差反向传播的方法来训练网络，因此该函数需要决定输入的最显著特征。最常用的激活函数解释如下。

（1）实数：实数激活函数对实数的输入给出零或一个输出。它具有 S 形函数曲线，在数学上可以表示为

$$\sigma(x) = \frac{1}{1+e^{-x}} \tag{10.41}$$

（2）Tanh：对于实际的数字输入，Tanh 激活函数的输出被限制在 -1 和 1 之间。

（3）ReLU：ReLU 是最常用的激活函数，它可以将绝对值转换为正数，该过程的数学表示形式是 $\max(0, x)$。

使用这个函数的主要优点是计算负载较小，主要问题是，当一个具有更显著梯度的错误反向传播算法通过它时，ReLU 会更新权值，使神经元不能更新再次被激活，被称为"垂死的重新调整"问题。这个问题可以用诸如泄漏 ReLU、噪声 ReLU 或参数线性单位来克服。

（4）泄漏的 ReLU：与 ReLU 不同，泄漏的 ReLU 从不忽略负输入，可以用于解决垂死的 ReLU 问题。泄漏的 ReLU 的数学表示是 $\max(0.1x, x)$。

这里，m 表示泄漏因子，大多设置为最小值 0.001。

（5）噪声 ReLU：噪声 ReLU 采用高斯分布使 ReLU 放大。

（6）参数线性单位：这个函数类似于泄漏的 ReLU。唯一的区别是模型训练过程更新了泄漏因子，而不是选择最小固定值。

4. 完全连接层

每个神经元连接到所有前一层神经元的完全连接层标志着每个卷积神经网络结构的结束。这一层被用作卷积神经网络的分类器，它类似于多层感知器（multi-layer perceptron，MLP）的前馈神经网络。最后一个卷积层或池化层的输出被输入到全连接层，该层是通过将特征映射扁平化为向量而得到的。完全连接层的生产是最终的输出类或标签。

5. 损失函数

提供最终分类的输出层是使用损失函数来测量预测误差的最后一层，这个错误有助于优化卷积神经网络模型的学习性能。这个误差是由实际值和预测值之间的差异造成的。损失函数使用参数的实际输出和估计输出作为输入来计算误差。各种类型的损失函数包括 softmax 损失函数、欧氏损失函数和铰链损失函数，如下所述。

（1）Softmax 损失函数：Softmax 损失函数，也称为对数损失函数，用于计算卷积神经网络的性能。它通过采用 softmax 激活来生成输出层的概率分布。

（2）欧氏损失函数：又称均方误差，欧氏损失函数主要用于回归问题。

（3）铰链损失函数:铰链损失函数主要用于二进制分类问题,该过程试图最大化二进制目标类的边际,它主要用于关注基于最大边际的分类的支持向量机。

10.8.3　深度学习的实时应用

深度学习技术由于其高效性、实时数据库的可行性和当今世界的计算能力而具有广泛的实时应用范围。

1. 自动汽车

近年来汽车工程的研究为无人驾驶汽车[63]等先进技术铺平了道路。深度学习自动检测交通信号[64]并进行相应的操作。此外,人工智能还被用于避免车辆碰撞[65],这是避免道路事故的绝佳福音。

2. 卫星通信

深度学习用于卫星观测和天气预报[66],并有助于边境防御监控[67]。

3. 医学研究

许多研究人员自动使用深度学习技术来诊断异常和检测疾病[68]。它还被用来监测病人,并在紧急情况下提醒他们[69]。

4. 工业自动化

深度学习正在帮助自动化困难和危险的工作[70],以避免人为干预和确保安全。它还有助于检测与重型机械的安全距离,以防事故发生[71]。

5. 电子产品

深度学习为许多技术提供了动力,比如语音翻译[72],让人们能够跨境旅行。家庭援助和自动化[73]降低了电力成本,使人们更容易获得电力。例如,通过语音命令管理家庭设备使生活变得更轻松[74-76]。

通信:基于深度学习的无线[77]和光[78]通信网络管理及其性能监控[79-81]的最新趋势,使用户需求和可用资源的智能管理更高效和可重构。

10.9　结　　论

自主和智能系统需要它所涉及的过程不受人为干预。机器学习和深度学习是使系统更智能的有效技术。首先,本章详细讨论了机器学习和深度学习的基本知识,然后讨论了各种机器学习技术,包括监督学习、无监督学习、强化学习和半监督学习技术。除了主要方法和混合方法外,还介绍了其他重要的概念,如多任务、集成和多模态。并讨论了回归、回归分析及其类型。其次,本章重点介绍了深度学习技术及其类型,并详细研究了深度学习中所采用的各种激活和损失函数。最后,介绍了深度学习在多个领域的实时应用。

致　　谢

衷心感谢印度政府科学与工程研究委员会（Science and Engineering Reserach Board，SERB）的资助，资助号：EEQ/2019/000647。

参 考 文 献

［1］ Singh.，A.，Thakur，N.，Sharma，A.，A review of supervised machine learning algorithms. *International Conference on Computing for Sustainable Global Development（INDIACom），* vol. 3，pp. 1310–1315，2016.

［2］ El Mrabet.，M. A.，El Makkaoui.，K.，Faize，A.，Supervised machine learning：A survey. *International Conference on Advanced Communication Technologies and Networking （CommNet），* pp. 4，1–10，2021.

［3］ Louridas，P. and Ebert，C.，Machine learning. *IEEE Softw.*，33，110–115，2016.

［4］ Tan，Z. and Karakose，M.，Optimised deep reinforcement learning approach for dynamic system. *IEEE International Symposium on Systems Engineering（ISSE），* pp. 1–4，2020.

［5］ Yu.，T. and Zhen，W. G.，A reinforcement learning approach to power system stabiliser，in：*IEEE Power & Energy Society General Meeting，* pp. 1–5，2009.

［6］ Spielberg.，S. P. K.，Gopaluni，R. B.，Loewen.，P. D.，Deep reinforcement learning approaches for process control. *International Symposium on Advanced Control of Industrial Processes（AdCONIP），* vol. 6，pp. 201–206，2017.

［7］ Santos.，K. J. de O，Menezes.，A. G.，de Carvalho.，A. B.，Montesco.，C. A. E.，Supervised learning in the context of educational data mining to avoid university students' dropouts. *IEEE International Conference on Advanced Learning Technologies（ICALT），* vol. 19，pp. 207–208，2019.

［8］ Huang.，M.，Theory and implementation of linear regression. *International Conference on Computer Vision，Image and Deep Learning（CVIDL），* pp. 210–217，2020.

［9］ Zhang.，H.-M.，Han，L-Q.，Wang.，Z.，A fuzzy classification system and its application. *Proceedings of the 2003 International Conference on Machine Learning and Cybernetics，* vol. 4，pp. 2582–2586，2003.

［10］ Ling.，W.-K.，*Non-linear digital filters，analysis and applications.* Academic Press，London，2007.

［11］ Kasabov.，N. K.，Learning fuzzy rules and approximate reasoning in fuzzy neural networks and hybrid systems. . *Fuzzy Sets Syst.*，82，135–149，1996.

［12］ Cao. , Y. , Study of the Bayesian networks. *International Conference on E-Health Networking Digital Ecosystems and Technologies (EDT)*, pp. 172−174, 2010.

［13］ Nevada. , A. , Ansari, A. N. , Patil. , S. , Sonkamble. , B. A. , Overview of the use of decision tree algorithms in machine learning. *IEEE Control and System Graduate Research Colloquium*, pp. 37−42, 2011.

［14］ Uhrig. , R. E. , Introduction to artificial neural networks. *Proceedings of IECON' 95-Annual Conference on IEEE Industrial Electronics*, vol. 21, pp. 33−37, 1995.

［15］ Yang. , Z. and Li. , D. , Application of logistic regression with filter in data classification. *Chinese Control Conference (CCC)*, vol. 38, pp. 3755−3759, 2019.

［16］ Jaiswal. , J. K. and Samikannu, R. , Application of random forest algorithm on feature subset selection and classification and regression. *World Congress on Computing and Communication Technologies (WCCCT)*, pp. 65−68, 2017.

［17］ Ghosh. , S. , Dasgupta. , A. , Swetapadma. , A. , A study on support vector machine based linear and non-linear pattern classification. *International Conference on Intelligent Sustainable Systems (ICISS)*, pp. 24−28, 2019.

［18］ Zeebaree. , D. Q. , Hasan, D. A. , Abdulazeez. , A. M. , Ahmed. , F. Y. H. , Hasan, R. T. , Machine learning semi-supervised algorithms for gene selection: A review. *IEEE International Conference on System Engineering and Technology (ICSET)*, vol. 11, pp. 165−170, 2021.

［19］ Zhao, A. , Dong, J. , Zhou. , H. , Self-supervised learning from multi-sensor data for sleep recognition. *IEEE Access*, 8, 93907−93921, 2020.

［20］ Li. , S. , Li. , K. , Fu. , Y. , Self-taught low-rank coding for visual learning. *IEEE Trans. Neural Netw. Learn. Syst.*, 29, 645−656, 2018.

［21］ Zhang. , Y. and Yang. , Q. , A survey on multi-task learning. *IEEE Trans. Knowl. Data Eng.*, 34, 5586−5609, 2022.

［22］ Calma. , A. , Stolz. , M. , Kottke. , D. , Tomforde. , S. , Sick, B. , Active learning with realistic data-a case study. *International Joint Conference on Neural Networks (IJCNN)*, pp. 1−8, 2018.

［23］ Polikar. , R. , Upda. , L. , Upda. , S. S. , Honavar, V. , Learn++: An incremental learning algorithm for supervised neural networks. *IEEE Trans. Syst. Man Cybern. Part C Appl. Rev.*, 31, 497−508, 2001.

［24］ Kataria. , R. and Prasad, T. , A survey on time series online sequential learning algorithms. *IEEE International Conference on Computational Intelligence and Computing Research (ICCIC)*, pp. 1−4, 2017.

［25］ Shrestha. , A. and Mahmood, A. , Review of deep learning algorithms and architectures. *IEEE Access*, 7, 53040−53065, 2019.

［26］ Zhuang, F. et al. , A comprehensive survey on transfer learning. *Proc. IEEE*, 109, 43−

76, 2021.

[27] Li., T., Sahu, A. K., Talwalkar, A., Smith, V., Federated learning: Challenges, methods, and future directions. *IEEE Signal Process. Mag.*, 37, 50-60, 2020.

[28] Huang., F., Xie., G., Xiao., R., Research on ensemble learning. *International Conference on Artificial Intelligence and Computational Intelligence*, pp. 249-252, 2009.

[29] Tygar., J. D., Adversarial machine learning. *IEEE Internet Comput.*, 15, 4-6, 2011.

[30] Hospedales., T., Antoniou, A., Michelli, P., Storkey, A., Meta-learning in neural networks: A survey. *IEEE Trans. Pattern Anal. Mach. Intell.*, 44, 5149-5169, 2022.

[31] Vowels., M. J., Camgoz., N. C., Bowden., R., Targeted VAE: Variational and targeted learning for causal inference. *IEEE International Conference on Smart Data Services (SMDS)*, pp. 132-141, 2021.

[32] Mirbakhsh., N., Didandeh., A., Afsharchi., M., Concept learning games: The game of query and response. *IEEE/WIC/ACM International Conference on Web Intelligence and Intelligent Agent Technology*, pp. 234-238, 2010.

[33] Chen., C. -H., A Theory of bayesian learning systems. *IEEE Trans. Syst. Sci. Cybern.*, 5, 30-37, 1969.

[34] Ibid., H., Meng, S., Dobon., O., Olson., L., Gropp., W., Learning with analytical models. *IEEE International Parallel and Distributed Processing Symposium Workshops (IPDPSW)*, pp. 778-786, 2019.

[35] Dzeroski., S. and Lavrac., N., Inductive Learning in deductive databases. *IEEE Trans. Knowl. Data Eng.*, 5, 939-949, 1993.

[36] Zhang., C., Yang, Z., He., X., Deng., L., Multimodal intelligence: Representation learning, information fusion, and applications. *IEEE J. Sel. Top. Signal Process.*, 14, 478-493, 2020.

[37] Wang, X., Chen, Y., Zhu., W., A survey on curriculum learning. *IEEE Trans. Pattern Anal. Mach. Intell.*, 44, 4555-4576, 2022.

[38] https://in. mathworks. in/helps/stats

[39] Sarker., I. H., Machine learning: Algorithms, real-world applications and research directions. *SN Comput. Sci.*, 2, 160, 2021.

[40] Kurilov., R., Haile-Kains, B., Brors, B., Assessment of modelling strategies for drug response prediction in cell lines and xenografts. *Sci. Rep.*, 10, 2849, 2020.

[41] John, G. H. and Langley, P., Estimating continuous distributions in Bayesian classifiers. *Proc. Eleventh Conf. Uncertainty Artif. Intell. (UAI1995)*, arXiv preprint arXiv: 1302. 4964, 338-345, 1995, 2013, https://doi. org/10. 48550/arXiv. 1302. 4964.

[42] Hope., J. H., A least-squares fitting technique for use with sizeable non-linear plant models. *IEE Colloquium on Model Validation for Control System Design and Simulation*, pp. 4/1-4/2, 1989.

［43］ Orbeck. , T. , Discussion of the statistical method used to analyse thermal evaluation data. *E. I. Electrical Insulation Conference Materials and Application*, pp. 111 – 114, 1962.

［44］ Rubin. , I. , Continuous regression techniques using analog computers. *IRE Trans. Electron. Comput.* , 11, 691–699, 1962.

［45］ Taroni, F. , Biedermann, A. , Garbolino, P. , Aitken, C. G. , A general approach to Bayesian networks for the interpretation of evidence. *Forensic Sci. Int.* , 139, 5 – 16, 2004.

［46］ https：//data-flair. training/blogs/bayesian-network-applications/

［47］ Qomariyah. , N. N. , Heriyanni. , E. , Fajar. , A. N. , Kazakov. , D. , Comparative analysis of decision tree algorithm for learning ordinal data expressed as pairwise comparisons. *International Conference on Information and Communication Technology (ICoICT)*, vol. 8, pp. 1–4, 2020.

［48］ Hearst. , M. A. , Dumais. , S. T. , Osuna. , E. , Platt. , J. , Scholkopf. , B. , Support vector machines. *IEEE Intell. Syst. Appl.* , 13, 18–28, 1998.

［49］ Rana. , S. and Garg. , R. , Application of hierarchical clustering algorithm to evaluate students performance of an institute. *Second International Conference on Computational Intelligence & Communication Technology (CICT)*, pp. 692–697, 2016.

［50］ https：//in. mathworks. com/help/reinforcement-learning/ug/what-is-reinforcement-learning. html

［51］ Grossberg, S. , Recurrent neural networks. *Scholarpedia*, 8, 2, 1888, 2013.

［52］ Pham, V. , Bluche, T. , Kermorvant, C. , Louradour, J. , Dropout improves recurrent neural networks for handwriting recognition. *14th IEEE International Conference on Frontiers in Handwriting Recognition*, pp. 285–290, 2014.

［53］ Graves, A. , Mohamed, A. -R. , Hinton, G. , Speech recognition with deep recurrent neural networks. *IEEE International Conference on Acoustics, Speech and Signal Processing*, 2013.

［54］ Salehinejad, H. , Sankar, S. , Barfett, J. , Colak, E. , Valaee, S. , Recent advances in recurrent neural networks. *arXiv*, 3, 1–21, 2017, preprint arXiv：1801. 01078.

［55］ Liu, Q. et al. , A review of image recognition with a deep convolutional neural network, in：*International Conference on Intelligent Computing*, Springer, Cham, 2017.

［56］ Zhang, S. et al. , Multimodal deep convolutional neural network for audio-visual emotion recognition. *Proceedings of the 2016 ACM on International Conference on Multimedia Retrieval*, 2016.

［57］ Guangle. , Y. , Tao, L. , Jiandan, Z. , A review of convolutional-neuralnetwork-based action recognition. *Pattern Recognit. Lett.* , 118, 14–22, 2019.

［58］ Pandey, A. and Wang. , D. , A new framework for CNN-based speech enhancement in the time domain. *IEEE/ACM Transactions on Audio, Speech, and Language Processing*, pp. 1179–1188, 2019.

[59] Zhang, Y., Huang., Y., Wang., L., Yu., S., A comprehensive study on gait biometrics using a standard CNN-based method. *Pattern. Recognit.*, 93, 228–236, 2019.

[60] Khan, S., Rahmani., H., Ali Shah., S. A., Bennamoun., M., A guide to convolutional neural networks for computer vision. Synthesis lectures on computer vision. pp. 1–207, Springer, Morgan & Claypool Publisher, Kentfield, CA, 2018.

[61] Jmour, N., Zayen, S., Abdelkrim, A., Convolutional neural networks for image classification. *IEEE International Conference on Advanced Systems and Electric Technologies*, pp. 397–402, 2018.

[62] Alzubaidi, L., Zhang., J., Humaidi, A. J., Al-Dujaili, A., Duan, Y., Al-Shamma, O., Santamaría., J., Fadhel, M. A., Al-Amidie, M., Farhan, L., Review of deep learning: Concepts, CNN architectures, challenges, applications, future directions. *J. Big Data*, 8, 1–74, 2021.

[63] Ni, J., Chen, Y., Chen, Y., Zhu, J., Ali, D., Cao, W., A survey on theories and applications for self-driving cars based on deep learning methods. *Appl. Sci.*, 10, 2749, 2020.

[64] Tabernik, D. and Skočaj, D., Deep learning for large-scale traffic-sign detection and recognition. *IEEE Trans. Intell. Transp. Syst.*, 1, 1427–1440, 2019.

[65] Lai, Y. K., Ho, C. Y., Huang, Y. H., Huang, C. W., Kuo, Y. X., Chung, Y. C., Intelligent vehicle collision-avoidance system with deep learning. *IEEE Asia Pacific Conference on Circuits and Systems (APCCAS)*, pp. 123–126, 2018.

[66] Ren, X., Li, X., Ren, K., Song., J., Xu, Z., Deng, K., Wang, X., Deep learning-based weather prediction: A survey. *Big Data Res.*, 23, 1–11, 2021.

[67] Shi, Y., Sagduyu, Y. E., Erpek, T., Davaslioglu, K., Lu, Z., Li, J. H., Adversarial deep learning for cognitive radio security: Jamming attack and defence strategies. *IEEE International Conference on Communications Workshops (ICC Workshops)*, pp. 1–6, 2018.

[68] Li, R., Zhang, W., Suk, H. I., Wang, L., Li, J., Shen, D., Ji, S., Deep learning based imaging data completion for improved brain disease diagnosis, in: *International Conference on Medical Image Computing and Computer Assisted Intervention*, Vol. 8675, pp. 305–312, Springer, Cham, 2014.

[69] Davoudi, A., Malhotra, K. R., Shickel, B., Siegel, S., Williams, S., Ruppert, M., Bihorac, E., Ozrazgat-Baslanti, T., Tighe, P. J., Bihorac, A., Rashidi, P., Intelligent ICU for autonomous patient monitoring using pervasive sensing and deep learning. *Sci. Rep.*, 9, 1, 1–13, 2019.

[70] Maschler, B. and Weyrich, M., Deep transfer learning for industrial automation: A

review and discussion of new techniques for data - driven machine learning. *IEEE Ind. Electron. Mag.* , 15, 2, 65-75, 2021.

[71] Hou, L. , Chen, H. , Zhang, G. , Wang, X. , Deep learning-based applications for safety management in the AEC industry: A review. *Appl. Sci.* , 11, 2, 821, 2021.

[72] Tan, Y. , Design of intelligent speech translation system based on deep learning. *Mobile Inf. Syst.* , 2022, 1-7, 2022.

[73] Popa, D. , Pop, F. , Serbanescu, C. , Castiglione, A. , Deep learning model for home automation and energy reduction in an innovative home environment platform. *Neural Comput. Appl.* , 31, 5, 1317-1337, 2019.

[74] Filipe, L. , Peres, R. S. , Tavares, R. M. , Voice-activated intelligent home controller using machine learning. *IEEE Access*, 9, 66852-66863, 2021.

[75] Kumar, K. , Chaudhury, K. , Tripathi, S. L. , Future of machine learning (ML) and deep learning (DL) in healthcare monitoring system, in: *Machine Learning Algorithms for Signal and Image Processing*, pp. 293-313, Wiley-IEEE Press, New Jersey, 2023.

[76] Prasanna, D. L. and Tripathi, S. L. , Machine and deep-learning techniques for text and speech processing, in: *Machine Learning Algorithms for Signal and Image Processing*, pp. 115-128, Wiley-IEEE Press, New Jersey, 2023.

[77] Zappone, A. , Di Renzo, M. , Debbah, M. , Wireless networks design in the era of deep Learning: Model-based, AI-based, or both? *IEEE Trans. Commun.* , 67, 10, 7331-7376, 2019.

[78] Karanov, B. , Chagnon, M. , Thouin, F. , Eriksson, T. A. , Bülow, H. , Lavery, D. , Bayvel, P. , Schmalen, L. , End-to-end deep learning of optical fibre communications. *J. Lightwave Technol.* , 36, 20, 4843-4855, 2018.

[79] Sindhumitha, K. , Jeyachitra, R. K. , Manochandar, S. , Joint modulation format recognition and optical performance monitoring for efficient fibre-optic communication links using ensemble deep transfer learning. *Opt. Eng.* , 61, 11, 116103, 2022.

[80] Hoel, P. G. , *Introduction to mathematical statistics*, Third edition, John Wiley & Sons, Inc, London, 1962.

[81] Ghayal, V. S. and Jeyachitra, R. K. , Efficient eye diagram analyser for optical modulation format recognition using deep learning technique, in: *Advances in Electrical and Computer Technologies*, pp. 655-666, Springer, Singapore, 2020.

第 11 章　手写和基于语音的安全的多模态生物特征识别技术

Swathi Gowroju[1*]，V. Swathi[2] 和 Ankita Tiwari[3]

摘要

生物识别系统对各个行业的安全至关重要,尤其对银行和执法部门。单模态生物特征识别系统已经得到了广泛的研究,而多模态生物识别正成为一个关键的模态识别组成部分。这项工作的重点是开发一种安全的认证程序,在多模态系统中使用语音和签名识别,以提高准确性、降低错误率。利用 Kaggle TensorFlow 语音识别挑战数据集进行了评估。我们的研究结果和讨论表明,建议的方法可以达到约 96.05% 的准确率,以实现我们的目标,以及较低的 FAR 和 FRR 可以提高我们系统的多模态真实性。本研究有助于开发健壮并且可靠的多模态生物识别系统,对各种安全应用具有重要意义。

关键词：生物识别学中的多模态生物识别学;语音和手写轮廓;动态包络变换融合;分数水平上的特征水平融合;Mel 扭曲倒置系数

11.1　引　言

最典型的识别方法是确认,通过协调客户端数据,将该数据存储在授权数据集中,从而授予框架网络访问权。就用户名和密码而言,无疑传统的确认框架比生物特征验证框架更具攻击性。使用如声音、行走、标记、击键组件、虹膜、手静脉、面部、手指静脉、手印和指纹等物理或基本特征来区分客户的艺术,这被称为生物识别证据[1]。生物识别框架的核心特征是具有独特性(该技术是否相同都因人而异)、持久性、可量化性和可用性的。生物识别学的使用十分普遍,但框架受到威胁,因为环境及其使用可能会影响估计,所以需要进行协调,而且受到损害的生物识别技术无法进行重置。生物识别系统依赖于对特殊生物特性的精确了解[2]。心电信号、角膜和独特的标记是许多作品经常尝试使用的三种生物特征。

---

* 通讯作者,邮箱:swathigowroju@ sreyas. ac. in。

1. 数据科学系,斯雷亚斯工程技术研究所,海德拉巴,印度。

2. 计算机科学与工程系,斯雷亚斯工程技术研究所,海德拉巴,印度。

3. 数学系,Koneru Lakshrmaiah 教育基金会,维杰亚瓦达,印度。

心电信号是心脏发出的电信号，经常用一种先进的方法[3,4]。是在使用时连接到人类胸部的传感器。最近用于验证经常出现在生物特征测定中。基于心电图验证的一个好处是活力，不同于其他验证方法，如指纹和秘密基本确认，因为人们通常只使用该方法。此外，不能提供给标准生物特征识别技术更广泛的人群，如独特的标记、虹膜扫描或手掌指纹，如残疾和丧失能力的人，可以提供心电图。此外，由于心电图数据可以从包括指尖在内的多个身体部位获得，因此可能与许多人有关[5,6]。眼睛的白色部分称为巩膜，可被看作是一个坚固的墙。巩膜上覆盖着一层生物体液，它是最深的一层，被视神经环绕，这是眼睛平滑生长所必需的[7,8]。

巩膜的组成部分包括：位于结膜下的巩膜外膜；合法的巩膜，一种使巩膜呈白色的厚白色组织，以及一种柔韧的纤维层 Fusca。每个人的巩膜上都有独特的静脉图案，即使是同卵双胞胎也有独特的静脉图案。这是一个明显的例子，在的一人生中永远不会改变[9,10]。在多模态生物识别框架中，巩膜可以单独区分人与人。生物特征验证的重要发展之一就是独特的基于手指印象的验证，这在日常生活的中越来越普遍[11,12]。创建一个识别独特标记的框架至关重要，并已引起许多专家的注意。在全球范围内，1：1同步（保证）或1：N身份验证（ID）使用指纹识别框架。

它们可以准确地识别个人的关键认证应用程序，如证券交易、个人电脑/手机加密、取证和跨境传输。专门的手指印象识别框架协调指纹，以便可以与当前的指纹数据库进行比较[13,14]，因此也可以作为一种安全装置[15,16]。根据基于手指印象的认证框架，手指印记是图像表面上不同峰谷的集合。

生物识别框架的两种形式是单一生物识别框架和多模态生物识别框架[15,16]。由于单模态生物特征识别框架仅依赖于单一的生理特征进行识别，因此常常关注生物特征信息的可变性、缺乏唯一性、识别准确率低以及恶搞攻击。多模态生物识别框架解决可以用来解决这些问题。多模态生物识别框架在匹配精度、模拟难度、全面性、可获得性等方面的局限性，可以通过结合许多特征的多模态生物识别框架来解决[17-19]。与单模态生物识别系统相比，多模态生物识别框架提高了识别精度、安全性和系统可靠性。

不幸的是，多模态生物识别框架的生物识别模态信息恶化污染了该结果[20-22]。这是因为目前使用的大多数多模态技术也使用了组合规则，这些规则要么不灵活，要么无法充分适应广泛的生物特征变量和生态变化。如果不受组合程度的影响，元素表示和匹配过程就变得不可行。随后的利息分为成本、计算和验证的执行。为了解决这些问题，本书提出了一种独特的生物特征验证框架，其目标如下：

（1）如果基于包络的身份验证和基于梅尔频率扭曲倒谱系数的语音精细结构提供"接受"，则给出了最终的"接受"；

（2）如果对两个基于信封的身份验证的三次尝试中有两次结果为"接受"，则给出最终的"接受"；

（3）允许限制三个签名和名称发音。

一方面，用于人群识别系统的生物统计测量优选为：

（1）高度个体化；

（2）简单生成；

（3）时间不变；

（4）易于传输；

（5）非侵入性收集；

（6）一段时间内的实质性变化[1]。

另一方面，某些真正独特的生物识别技术，如脱氧核糖核酸（DNA）数据，可能不被允许或不适合日常使用，原因是与保存档案记录有关的伦理或人权考虑的问题。在基于生物识别技术的人员识别中，可靠性、安全性、总体性能、用户友好性、系统成本和用户接受度之间经常存在权衡。

11.2　文　献　研　究

本研究提出了一种结合语音和特征生物识别的双峰识别系统，这两种生物特征被广泛使用。与标准的签名认证系统相比[2-5]，双峰识别系统需要 2D 平板电脑、基本的可视化数字化仪或专门的书写工具来收集手写签名的特征，该系统使用硬笔产生的声音[6]。这意味着该系统完全依赖如何分析和检测声音信号，使其更高效和更具有成本效益。手写风格、笔画类和动力学可以作为生物识别标识，而书写运动的动力学，如力、速度和加速度，有助于书写风格的独特性。虽然拓扑特征可以通过图像分析和模态识别来识别和确认，但是记录非拓扑特征需要一个高分辨率的 2D 图形垫或专门的书写设备[2-5]。

最常见的书写设备无疑是硬笔尖笔，如圆珠笔。当使用这种工具在纸张或其他材料上书写时，笔尖会与纸张的表面粗糙度会相互作用，引起振动，从而产生巨大的噪声。这些声音由于与写作的运动或动作有关，所以可以用来识别不同的作家。用麦克风记录声音比用平板数字化仪评估写作动态更方便，这使得用于作者识别或验证的写作声音更具吸引力[15-22]。

该技术利用了硬笔尖和纸张表面之间摩擦产生的噪声。研究表明，只要钢笔的墨盒牢固地固定在钢笔筒上，麦克风就可以安装在钢笔筒内[6]。钢笔的圆筒壁将声音传递到麦克风，因为振动是由笔尖表面的摩擦引起的。这些书写声音的信封是认证过程的主要焦点。由于采用了直接连接技术（A），在环境噪声高达 65 到 70 分贝的情况下，信号与环境噪声的比率似乎不成问题。杂音信号的频谱是复杂的。

手写声音的特征取决于所使用的书写工具，如钢笔、纸张、书写垫等。然而，先前的研究表明，能量集中在 200~6 000 赫兹，这使得 16 000 赫兹的采样频率合适。为了避免失真，在线性放大麦克风信号之前，先应用了一个截止频率约为 7 200 赫兹的抗混叠滤波器。然后使用频率范围为 200~6 000 赫兹的四阶带通滤波器对数字化信号进行滤波，以减少背景噪声。本研究采用书写声音的归一化希尔伯特包络线作为特征空间，类似于语音分析[7]中的包络检测。假设手写声音的高频成分作为载波信号。

11.3 建议的方法

建议的系统架构如图 11.1 所示,主要包括以下四个部分:

(1)收集生物特征数据;

(2)提取生物特征数据的特征;

(3)融合两个数据集提取的特征比较;

(4)类别接受/拒绝分类。

首先使用可操纵的多层次变换从每个子带中检索纹理特征,然后将两种模态独立地分解成预定数量的尺度和方向。利用三种广泛使用的局部描述符——局部方向模态、二值化定量图像数据和局部相位量化——来确定哪种局部描述符具有最强的区分能力。最后,融合特征和分数水平上的两种模态的局部描述符来识别人。这两个标准数据集被认为是几个实验的主题,研究结果显示所建议的多模态策略采用分数级融合优于特征级融合。

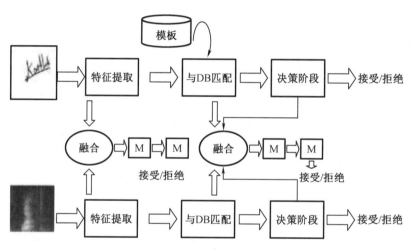

图 11.1 建议的系统架构

选择梅尔弯曲倒谱系数和突出名称的包络作为特征空间,后者既可以鉴别文字,也可以鉴别人物。前者可以判断这些字符的发音是否正确。机器学习基于音频信号中的包络来建立术语。由于包络技术以前被用于签名验证,因此这是提高整个系统可靠性的一种简单方法。此外,采用反向传播方法训练的多层前馈神经这种监督式学习技术,教会神经网络区分一个说话者说一组单词时的信封数据,还有区分和其他说话者说不同单词时的包络数据,提出了一种独特的人工神经网络语音包络识别方法。然而,在签名识别中使用了相同的算法和预处理器。测试结果表明,识别准确率可超过 71%。

这个应用程序中的语音识别比其他应用程序中容易得多,因为所建议的方法与文本相关,并受到少量音节的限制,即口头名称。坎贝尔的教程[11]描述了为说话人识别提出的众多特征空间。大音阶是一种非线性频率映射,旨在模拟人们如何感知音高。一些作者也证明了梅尔尺度翘曲是有效的自动扬声器和语音识别时,与其他频域分析配对。梅尔频率扭曲倒频谱系数(Mel-frequency warped cepstral coeffients,MFCCs)是语音和语音识别的常见特征空间,其优点是不需要线性预测方法。

签名的纹理和几何组件是由离线签名的照片生成的。纹理特征表示图像的局部信息,而几何元素表示图像的全局信息。该组合特征向量可以更精确、更全面地捕捉图像的内容。离线签名图像的灰度共生矩阵(GLCM)可以提取图像的方向、相邻区间和灰度变化等细节信息,为图像的输入奠定基础。通过将脱机照片与在线数据合并为签名,我们打算提供一个更准确和可靠的签名验证。在线数据由六列组成:X坐标、Y坐标、行程是否开始、行程是否终止以及压力。表11.1中包含了两位作者的签名信息,每个签名都有一个脱机图片和联机数据。表中的在线曲线是基于两个互补的签名数据创建的。图形的坐标表示X或Y坐标的变化,横坐标表示时间。

表 11.1 使用 CNN 模型进行的模型描述

层	形状	参数
卷积	32, 32, 16	180
批量规范化	32, 32, 16	64
激活 ReLu	32, 32, 16	0
卷积	32, 32, 16	2 620
批量规范化	32, 32, 16	64
活性值	32, 32, 16	0
最大池	16, 16, 16	0
暂退法	16, 16, 16	0
卷积	16, 16, 32	5 640
批量规范化	16, 16, 32	128
活性值	16, 16, 32	0
卷积	16, 16, 48	18 572
批量规范化	16, 16, 48	179
活性值	16, 16, 48	0
最大池	8, 8, 48	0
暂退法	8, 8, 48	0
卷积	8, 8, 64	26 912
批量规范化	8, 8, 64	256
活性值	8, 8, 64	0
卷积	8, 8, 128	74 556
批量规范化	8, 8, 128	512
活性值	8, 8, 128	0
扁平层	128	0
暂退法	128	0
致密层	12	1 948

动态特征的时间限制、运动和角度的变化更多的是个人的风格,而不是静态特征。通过将静态特征与动态特征相结合,可以成功地提高签名验证的准确性和可靠性。本文使用创新的笔技术,在 SF-A 连接静态和动态属性之前,同时收集离线和在线数据。除压力数据、水平坐标、垂直坐标以及其他动力学特征,本文利用动力学特征从实测数据中提取了四个动力学特征,包括速度、加速度、角度和曲率半径。语音帧 Mfcs 被转换成一个"代码本",使用一种向量量化的方法进行进一步的模态匹配。可以在 Swathi 和 Gowroju 等研究中[12,13],读到更多关于这种方法的内容。测试显示了 91% 的分类性能。这种高识别率是预期的。如前所述,与其他文本无关的任务相比,本应用中的说话人识别任务相对容易。在这个例子中,系统必须识别一个说特定的、最小范围的短语的人。

11.3.1 基于支持向量机的实现

为学习样本计算的决策边界超平面作为广义线性分类器的支持向量机类的决策边界,它以监督式学习的方式进行筛选。本研究利用支持向量机对离线图像进行分类,并利用 RBF 核函数得到分类结果。训练阶段采用不同数量的真实签名对阳性样本进行训练。这项研究从其他作者那里引入了同样数量的合法签名,为微小模型的问题提供了一种新的方法。作者的真实签名和伪造签名都包括在测试集中。支持向量机利用样本与超平面之间的距离对数据进行分类,得到离线验证结果。在实际情况下,用一个分数来表达它。我们计算得分并将其存储为 Score1,作为后续组合特征的起点。如果得分小于 0,则视为有效签名;如果得分大于 0,则视为伪造。

$$Dec1 = GFScore1(xi) < 0$$
$$Score1(xi) > 0, i = 1 \cdots 1200 \tag{11.1}$$

11.3.2 基于动态时间规整的实现

动态时间规整是一种常用于模态识别任务的最佳化问题。本研究采用动态时间规整技术对数字签名数据进行分类。当测试模板和参考模板匹配时,使用动态时间规整解决了满足一定约束条件的时间偏移函数,解释了两者之间的时间相关性。为了训练模型,使用了多种真实的签名数据集,并利用它们的方法计算参考模板的随机变量。测试模板的正态分布和这个分布之间的相似程度是通过比较这两个分布来确定的,这两个分布用分数 2 表示。由于训练样本的数量可以变化,因此确定签名真实性的阈值也可以进行调整。

$$Dec2 = GFScore2(xi) — 阈值 < 0$$
$$Score2(xi) — 阈值 > 0, \ i = 1 \cdots 1200 \tag{11.2}$$

11.3.3 基于卷积神经网络的方法

使用 STFT 将音频转换成光谱图(使用了教程的参数),然后将光谱图放大到 32×32 以在输入卷积神经网络之前压缩特征空间,如表 11.1 所示。标准的分类器构造包括 3×3 卷积内核、最大池和一个密集输出层。

11.3.4　提出的模型实现

该数据集通过分配双向权重对深度语音-2 模型进行了实验,如表 11.2 所示。

表 11.2　使用所提出的模型进行模型描述

等级	形状	参数
卷积	80,32	180
批量规范化	80,32	64
激活 ReLu	80,32	0
卷积	40,32	2 620
批量规范化	40,32	64
活性值	1 200	0
双向的	1 600	11 529 600
暂退法	1 600	0
卷积	1 600	5 640
批量规范化	1 600	128
活性值	1 600	0
卷积	1 600	18 572
批量规范化	1 600	179
活性值	1 600	0
双向的	1 600	0
暂退法	1 600	0
卷积	1 600	26 912
批量规范化	1 600	256
活性值	1 600	0
卷积	1 600	74 556
批量规范化	1 600	512
活性值	1 600	0
密度 1	1 600	2 561 600
密度 2ReLu	1 600	0
密度 3	29	46 429

11.4 结果与讨论

11.4.1 数据开发

一个持续时间为一秒的 64 721 个 wav 文件的数据集,这些文件必须被归类为("是、否、上、下、左、右、开、关、停止、去、静默或未知")。就这些标签而言,大多数文件都是"未知的"。对于当代的语音识别,数据集与这个音频的持续时间和许多类别的预测都是相当主要的。

网络可以准确地对其进行分类。但是,我们正在处理一个真正的问题,因为分配我这项工作的人说,只使用 TensorFlow 的解决方案是首选的。一个简单的单词集合可用于语音控制多个应用程序。这表明开发的解决方案将转移到另一个支持 TensorFlow 的平台上。让我们把计算效率和预测速度放在我们的目标列表的首位,因为我们的语音识别系统将在本地网页或智能手机设备上使用。在这一步中,我们使用新数据来执行典型的任务,如平衡类、指定训练–测试分割、创建新的沉默以及删除未知标签。最后,所有的数据都被转移到新的文件夹中,这使得将它们导入任何机器学习框架变得简单。我们使用相同的比特率,尽管有时长度小于 1 秒,如表 11.3 所示。

表 11.3 数据集的比特率和长度

属性	比特率	长度
计数	64 621	64 621
平均	15 000	14 753.32
标准差	0	851.75
极小点	15 000	5 645
Q1	15 000	15 000
Q2	15 000	15 000
Q3	15 000	15 000
最大值	15 000	15 000

11.4.2 使用的数据集

提议的系统使用来自 KaggleTensorFlow 语音识别挑战的公开数据集,其中包括一个音轨目录和一些信息文件。音频剪辑的标签是文件夹名称,音频剪辑的子文件夹每个都包含一秒钟的语音命令剪辑,其他标签需要预测,其余的则应该被认为是安静的或未知的。你可以把"背景噪声"文件夹中较长的"无声"挂钩剪断,并用它们作为训练输入。

学习音频中的文件在标签中不是唯一命名的,但如果考虑到标签文件夹,它们就是唯一命名的。例如,没有散列为 0 的文件 00f0204f 位于 14 个目录中。尽管如此,该文件中的每个文件夹都有一个不同的语音命令。传递语音命令的个体唯一 ID 显示为文件名中的第一个元素,最后一个元素表示重复的命令。

当主题不止一次地使用同一个术语时,这个命令称为重复。测试数据不包括受试者 ID,因此可以安全地假设大多数命令来自训练期间没有出现的受试者。示例输入签名和示例频率分布如图 11.2 所示。

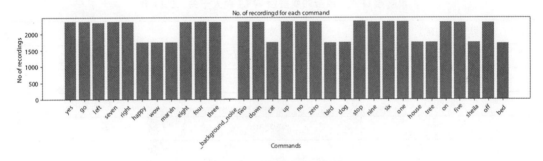

图 11.2 数据集分布情况

11.4.3 验证和培训

用于测试和验证的样品清单已经发送给我们。考虑到演讲者,让我们看看他们写得是否正确。这一点很重要,因为我们应该能够检测到我们的模型不适当地适应说话人的语音或背景噪声的情况,如表 11.4 所示。除了"未知"(包括我们不需要分类的所有其他术语)之外,所有类都有大致相同数量的示例。

表 11.4 列车验证和试验值的计数

	A1	A2	A3	A4	A5	A6	A7	A8	A9	A10	A11
火车	32 650	1 775	1 564	1 681	1 690	1 453	1 322	1 783	1 642	1 123	1 632
确认	6 221	346	457	563	123	286	354	562	286	354	276
试验	3 568	349	456	456	456	356	451	365	745	367	452

A1:unknown A2:stop A3:on A4:go A5:yes A6:no A7:right A8:up A9:down A10:left A11:off.

11.4.4 基于卷积神经网络方法的结果

使用卷积神经网络模型的精度图如图 11.3 所示,混淆矩阵如图 11.4 所示。

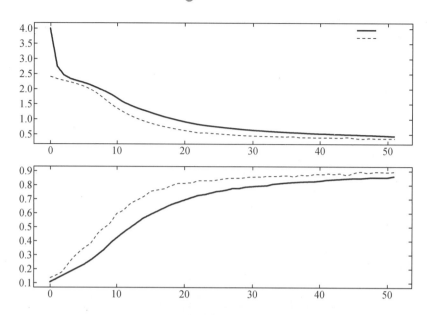

图 11.3　50 个 epoch 模型的训练和验证样本的损失和精度图

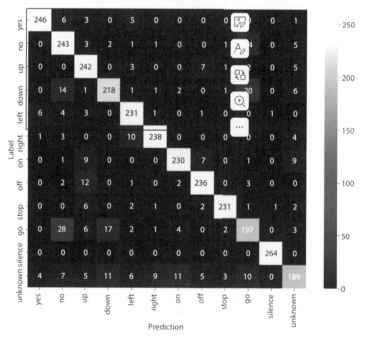

图 11.4　所生成的模型的混淆矩阵

该矩阵表示"go"和"no丨"经常被模型错误标记。此外,该模型对"未知"的预测很差,因为以有监督的方式训练模型具有挑战性。

评估模型的损失为 0.359 7,精度为 0.879 4。即使用肉眼观察,这些词的光谱图也提供了类似的模态。随机猜测的准确率为 1/12,接近于 0.083,它为 2 分 4 秒的 CPU 时间提供了 0.566 的准确率。如果在使用信号转换(具有不同的值)的特征工程方面花费一些精力,那么这个直观模型的性能可能会得到很大的提高。验证精度如图 11.5 所示。

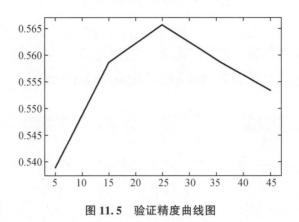

图 11.5　验证精度曲线图

11.4.5　基于深度学习的方法的结果

深度学习通常是首尾相连进行的,提供声音和接收文本作为回报。语言和声学模型是不必要的。在预处理过程中,数据被转换为二维输入,如傅里叶-短时傅里叶(光谱图)。我们可以把一个典型的深层语言处理模型想象成序列到序列的模型,卷积层开始捕捉整个声音,然后是一些循环层,这个层对输入的实际语音符号进行分类这是基于 2014—2016 年发表的论文。接收到的预测,如"c-c-a-a-t-t",通过合并相邻的字母被转换为预期的单词。

利用最近邻分类器和基于阈值的分类器来识别随机伪造,结果显示,总失败率分别为0.02%和1.0%。作者提出了一种离线签名识别技术[5],其中链码特征通过预定长度和方向的线段序列表示边界。数据库考虑了 2 400 张签名照。基于特征签名生成的特征向量,采用了七种不同的距离测量方法。曼哈顿距离测量的准确率为96.2%。

在一张布满小圆点的纸上,用户使用智能笔在上面签名,这种笔有视频和压力传感器。标志的图像和轨迹数据可以在创建时立即收到。共收集了20位作家的签名,每位作家收到了30个真签名和30个伪造签名,共计 1 200 个签名。找到 2~3 名租客,提供实际签名,然后经过预先培训后进行伪造,这是创建伪造签名的步骤。假签名是准确有用的。虽然所使用的实验技术可广泛应用于其他语言,但本研究中提供的数据集仅由中文签名组成,如图11.6 和图 11.7 所示。使用神经网络,主要有两种方法:首先,发现和测试一个大型的模型(并应用迁移学习来进行微调);其次,起初就创建和训练一个新的模型。对于一个直接的目标和一个微小的数据集来说,训练一个丢失了 CTC 的递归神经网络是一个过于复杂的策略。我们需要录制声音的必要变化,而模型会过度拟合,因为其中一些只出现在特定的组合中。不过,语音识别模态是可选的。我们可以快速将录音转换成相同大小的光谱图,因为它们的长度大致相同,而且由于只需要对 13 个单词进行分类,可以训练一个卷积分类器来对整个单词进行分类。

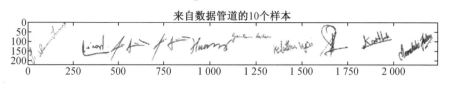

图 11.6　来自 CEDAR 数据集的手写样本

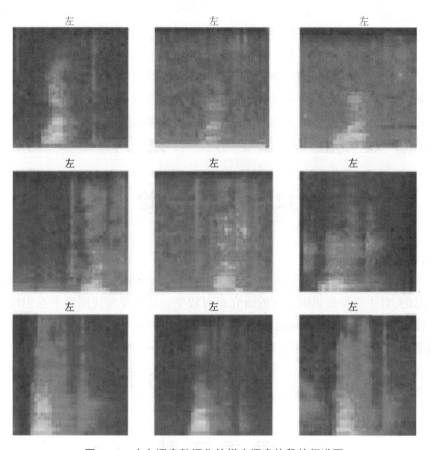

图 11.7　来自语音数据集的样本语音片段的频谱图

11.4.6　该方法的结果

所提出的方法可以识别出两种主要的语音识别方法。手写签名是我们文明最早公认的法医和民用生物识别方法之一。真正的签名通常通过人工验证来区分。验证签名的系统必须能够识别假签名，同时尽量减少对真签名的排斥。有两种类型的签名验证问题：脱机和联机。在线签名验证系统中经常使用的动态信息在离线签名验证中并不使用。本文研究了离线签名验证问题。脱机签名验证通过考虑以下伪造来解决：没有签名人姓名或签名形状的随机伪造，在知道签名人姓名和签名条件的情况下制作的简单伪造。

传统的语音识别方法包括高斯混合模型、隐马尔可夫模型和其他统计模型。快速而廉价；训练和运行不需要 GPU。缺点：它们需要细致的数据准备，基于信号分割的特征开发，以及声学模型的知识。换句话说，要利用它们就需要真正地掌握这个领域。在噪声数据方面，它们也似乎是错误的，这些噪声数据可与语音识别中的计算机视觉中的非深度方法相媲美。

已经开发了许多离线签名验证的方法和技术。在这里,我们介绍了一些实用的方法和理想的途径。Sabourin的方法能够以低分辨率提取签名的广泛特征,并以高分辨率从签名的区辨特征区域提取剩余特征。在整个验证决策过程中,他使用局部和全局数据作为特征向量。Sabourin[14]提出了一种使用局部粒度分布的方法。选择一个以矩形视网膜网格为中心,由该特征的区域分量驱动的特征图像。使用粒度大小分布,局部形状描述符产生量化信号活动刺激每个视网膜。

11.4.7 精度测量

该实验使用了一个多语言的、独立于文本的说话人验证系统来验证语音模态。图11.5说明了语音特征的两个基本部分:声学特征的获取和使用高斯混合模型(Gaussian Mixture Model,GMM)的分类。在平均帧持续时间为20毫秒和帧提前10毫秒的情况下,逐帧分析语音信号[14]。

一个具有多个谐波级数的频谱将被分散,类似于作用域的运行方式。波形有重复的时间模态。图11.8说明了使用Mel频率倒谱系数显示特性所需的许多过程。

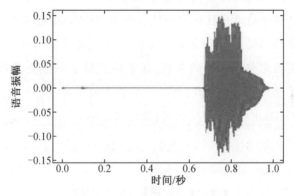

图11.8 预测的语音振幅

对于每一帧,使用快速傅里叶变换生成一个离散的傅里叶光谱,从中计算出幅度相乘的光谱,然后通过一系列滤波器发送。临界波段翘曲是通过接近线性高达1 000赫兹和对数以上的频率梅尔频率尺度完成的。计算损失值为0.090 7,准确度为0.981 1。图11.9和图11.10显示了300个纪元的损失和准确性图表。

该模型在训练阶段结束后产生具有语义意义的表示。通过计算两组图片之间的相似性,我们可以评估它们的工作效率。与我们预期的不同,一对不同的照片应该有明显的差距。然后,我们可以选择一个相似的水平,其中两幅图像被认为是真实的。通过选择这个级别,目标是平衡错误接受率FAR(允许接受欺诈性签名)和错误拒绝率FRR(不接受合法签名)。我们可以计算出等误差率,它对应于FAR和FRR相等的点,用于几种模型的平衡评估。将建立两种类型的数据配对来计算这种度量。

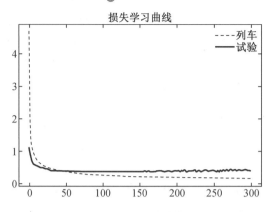

图 11.9　建议模型的损失图

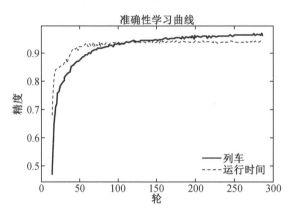

图 11.10　所提出的模型的精度

（1）成对正面（同一主题的签名和书写）。

（2）简单的负面（成对地收集到来自不同的受试者）。

（3）严厉的拒绝（来自其他与原始主题匹配相似的问题）。

本地数据集下不同类别的实验结果，每个类都利用了一个附加特征。采用密度图提出的方法，结果如图 11.11 所示。在本研究中，通过得分融合合并静态和动态特征，优于单独使用特征验证和逻辑回归，如表 11.5 所示。

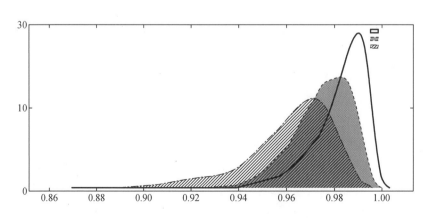

图 11.11　训练对相似度的密度图

获取包含离线照片和伴随的在线数据的公开数据集仍然是一项重大挑战。

表 11.5 各项方法的比较

使用的算法	假的接受比率	假的拒绝比率	平均错误率	精度
SVM	18.83%	13.83%	14.33%	83.17%
DTW	13.17%	11.50%	13.74%	86.17%
CNN	13.17%	10.67%	9.62%	89.58%
提议的工作	3.67%	5.17%	6.12%	96.05%

然而,本章的目标是利用提供的研究中 1 200 个签名的在线和离线数据来实现这个目标。本研究所使用的评估指标包括 FAR、FRR、AER 和准确度。一方面,FAR 表示用于测试的伪造签名被确定为真迹的比例。另一方面,FRR 代表被确定为伪造的用于测试的真实签名的比例。

FAR 和 FRR 的平均值称为 AER,而验证精度是根据预期结果是否一致来确定的。深度学习技术已成功地用于签名验证,但它们需要大量数据进行试验,可能需要更加实用。解决现实世界中的小样本问题对于实际应用至关重要。因此,许多研究人员已经研究了小样本问题,并且已经训练了 1~10 的模型。在本文中,我们选取了三个、五个、八个和十个真实签名样本进行训练,并对 1 200 个签名的各个方面进行了测试和比较。

11.5 结　　论

这项研究提出了一个安全的认证程序,使用多模态生物特征识别技术,利用语音和手写识别系统,以提高准确性和降低错误率。采用智能笔对离线图像和在线签名数据进行采集,分析和提取特征,采用 SF-A 方法对静态和动态元素进行组合。我们使用一个现有的存储集对提出的技术进行了评估,得到了 96.05% 的准确率,以及较低的 FAR 和 FRR,证明了提出的解决方案的有效性。

未来的研究范围包括扩展训练数据集以确认该方法在世界范围内的适用性,以及检验所建议的技术对其他语言的验证影响。我们会向公众提供这些资料,让其他学术界和院校进行进一步的研究和比较。此外,我们将深入研究签名特征,以确定最具说明性的签名特征向量,并继续探讨如何用最少的训练数据来达到最佳的验证效果。

参 考 文 献

［1］ Batool, F. E. , Khan, M. A. , Sharif, M. , Javed, K. , Nazir, M. , Abbasi, A. A. , Iqbal,Z. , Riaz, N. , Offline signature verification system: A novel technique offusion of GLCM and geometric features using SVM. *Multimed. Tools Appl.* ,84, 312−332, 2020.

［2］ Alaei, A. , Pal, S. , Pal, U. , Blumenstein, M. , An efficient signature verification method based on an interval symbolic representation and a fuzzy similarity measure. *IEEE Trans. Inf. Forensics Secur.* , 12, 2360−2372, 2017.

［3］ Hadjadj, I. , Gattal, A. , Djeddi, C. , Ayad, M. , Siddiqi, I. , Abass, F. , Offline signature verification using textural descriptors, in:*Proceedings of the Iberian Conference on Pattern Recognition and Image Analysis*, pp. 177−188, Madrid, Spain, 1−4 July 2019.

［4］ Maergner, P. , Pondenkandath, V. , Alberti, M. , Liwicki, M. , Riesen, K. , Ingold, R. ,*Offline signature verification by combining graph edit distance and triplet networks*, *lecture notes in computer science*, vol. 110, pp. 470 − 480, Springer International Publishing, 2018.

［5］ Shen, W. and Tan, T. , Automated biometrics-based personal dentification. *Proc. Natl. Acad. Sci.*U. S. A, 96, 11065−11066, 1999.

［6］ Plamondon, R. and Lorette, G. , Automatic signature verification and writer identification-The state of the art. *Pattern Recog.* , 22, 107−131, 1989.

［7］ Leclerc, F. and Plamondon, R. , Automatic signature verification: State of the art 1989−1993. *Int. J. Pattern Recognit. Artif. Intell.* , 8, 643−660, 1994.

［8］ Rohlík, O. , Matoušek, V. , Mautner, P. , Kempf, J. , A new approach to signature verification-Digital data acquisition pen. *Neural Netw. World*, 11−5, 493−501, 2001.

［9］ Mautner, P. , Rohlik, O. , Matousek, V. , Kempf, J. , Fast signature verification without a special tablet. *Proceedings of IWSSIP' 02*, *World Scientific*, *Manchester*, pp. 496−500, Nov. 2002.

［10］ Gowroju, S. and Kumar, S. , Robust deep learning technique: U-net architecture for pupil segmentation, in:*2020 11th IEEE Annual Information Technology*, *Electronics and Mobile Communication Conference* (*IEMCON*),pp. 0609−0613, IEEE, 2020.

［11］ Swathi, A. A. and Kumar, S. , A smart application to detect pupil for the small dataset with low illumination. *Innovations Syst. Softw. Eng.* , 21, 1−15, 2021.

［12］ Swathi, A. and Kumar, S. , Review on pupil segmentation using CNN-region of interest, in:*Intelligent Communication and Automation Systems*, pp. 157−168, CRC Press, Milton Park, Abingdon, 2021.

［13］ Gowroju, A. and Kumar, S. , Robust pupil segmentation using UNET and morphological image processing, in: *2021 International Mobile, Intelligent, and Ubiquitous Computing Conference (MIUCC)*, IEEE, pp. 105-109, 2021.

[14] Gowroju, S. A. and Kumar, S., Review on secure traditional and machine learning algorithms for age prediction using IRIS image. *Multimed. Tools Appl.*, 81, 35503-35531, 2022. https://doi.org/10.1007/s11042-022-13355-4.

[15] Kumar, S., Jain, A., Agarwal, A. K., Rani, S., Ghimire, A., Object-based image retrieval using the u-net-based neural network. *Comput. Intell. Neurosci.*, 21, 1-14, 2021.

[16] Kumar, S., Rani, S., Jain, A., Verma, C., Raboaca, M. S., Illés, Z., Neagu, B. C., Face spoofing, age, gender and facial expression recognition using advance neural network architecture-based biometric system. *Sens. J.*, 22, 14, 5160-5184, 2022.

[17] Kumar, S., Jain, A., Rani, S., Alshazly, H., Idris, S. A., Bourouis, S., Deep neural network based vehicle detection and classification of aerial images. *Intell. Autom. Soft Comput.*, 34, 1, 119-131, 2022.

[18] Kumar, S., Jain, A., Shukla, A. P., Singh, S., Raja, R., Rani, S., Harshitha, G., AlZain, M. A., Masud, M., A comparative analysis of machine learning algorithms for detection of organic and non-organic cotton diseases. *Math. Probl. Eng. Hindawi J. Publ.*, 21, 1, 1-18, 2021.

[19] Rani, S., Ghai, D., Kumar, S., Kantipudi, M. V. V., Alharbi, A. H., Ullah, M. A., Efficient 3D alexnet architecture for object recognition using syntactic patterns from medical images. *Comput. Intell. Neurosci.*, 22, 1-19, 2022.

[20] Choudhary, S., Lakhwani, K., Kumar, S., Three dimensional objects recognition & pattern recognition technique, related challenges: A review. *Multimed. Tools Appl.*, 23, 1, 1-44, 2022.

[21] Rani, S., Ghai, D., Kumar, S., Reconstruction of simple and complex three dimensional images using pattern recognition algorithm. *J. Inf. Technol. Manag.*, 14, 235-247, 2022.

[22] Rani, S., Ghai, D., Kumar, S., Object detection and recognition using contour based edge detection and fast R-CNN. *Multimed. Tools Appl.*, 22, 2, 1-25, 2022.

第12章 卷积神经网络——为银行识别系统而设计的面部和指纹融合多模态生物识别方法

Sandeep Kumar[1*], Shilpa Choudhary[2], Swathi Gowroju[3] 和 Abhishek Bhola[4]

摘要

在过去10年里,指纹识别很流行,因为它已成为大多数移动设备、平板电脑和个人电脑的标准功能。除了这种生物识别扫描仪可以在工作中提供安全好处外,越来越多的企业正用密码、身份证和门禁码来跟踪出勤率实现员工管理。但却继续受到差异的困扰,如打印特征,包括对齐、边缘方向偏移、拱门、漩涡和轮纹。然而面部几乎不受影响,因为与手指相比具有坚实的3D结构。可以在更多应用区域使用面部和手指,因为它们从远处拍摄时不是很显眼。由于其生理组成和位置,手指可以很容易取代面部进行生物特征识别。将面部和手指结合起来的特点是非侵入性多模态识别,提高了安全性、耐用性和准确性。由于融合规则,多模态系统比单峰态系统取得了更好的结果。本文介绍了一种基于机器学习的多模态生物识别融合方法。数据预处理通过数据转换来完成。利用2D滤波器检测局部子块的纹理,提取多模态生物识别数据的相位信息,提出了一种生物特征识别的多模态集成算法,即使用手指和面部数据集评估所建议方法的有效性。结果表明,融合后的图像质量较高,特征提取准确率在91%～95%,平均准确率为97%,多模态生物识别效果良好,实用性较强。

关键词:生物特征识别;面部识别;指纹识别;多模型系统

12.1 引 言

由于最近技术资源发展迅速,需要准确的用户识别系统来控制对现有技术资源的使用。目前最强的技术是生物识别技术[1]。生物识别技术是一门基于行为特征(如声音或签

* 通讯作者,邮箱:er. sandeepsahratia@ gmail. com。

1. 计算机科学与工程系,Koneru Lakshmaiah 教育基金我,维杰亚瓦达,印度。

2. 计算机科学与工程系,尼尔·高特技术学院,海得拉巴,印度。

3. 数据科学系,斯雷亚斯工程技术研究所,海德拉巴,印度。

4. 杜里·查兰·辛格·哈里亚纳邦农业大学,农业学院,巴瓦尔,雷瓦里,哈里亚纳邦,印度。

名)和身体特征(如面部和指纹)的部分或完全自动化方法从而验证个人身份的科学[2,3]。由于生物识别数据不能丢失、被盗或复制,与密码等传统识别技术相比,它有几个好处。用于生物特征识别的单模态系统和多模态系统分为两类。对于用户识别,单峰系统只考虑一个生物特征[4]。尽管单峰系统有几个缺点,但总的来说还是比较可靠,现已证明比以前使用的传统方法更好。问题有感知数据噪声、非通用性、对欺骗攻击的敏感性,以及组内和类间相似性问题[5]。从本质上讲,多模态身份验证方法需要不止一种特征来识别,在现实世界中经常使用,因为可以解决单模态生物识别系统的问题。在一个生物特征识别系统的模块中可以获得的信息可以用来结合多模态生物特征识别系统中的许多特性。由于其优于单模态系统,多模态生物识别系统已成为越来越流行的安全识别技术[6-8]。

一些生物识别研究人员已经使用机器学习技术来访问实时应用程序。在对原始生物特征信息进行分类之前,机器学习算法必须将原始数据转换为合适的格式,并从中提取特征。另外,在特征提取之前,机器学习技术需要一些预处理操作[9]。此外,某些提取技术有时需要改进各种生物特征种类或相同生物特征的数据集。它们还不能处理生物特征图像的修改,如缩放和旋转。

卷积神经网络最近显著影响了生物识别系统[10,11],并取得了杰出的结果。传统方法的一些缺点,特别是与特征提取方法相关的问题,已经通过卷积神经网络方法解决了。生物识别图像的修改可以通过基于卷积神经网络的算法来处理,该算法也可从原始数据中检索信息[12-14]。本研究旨在广泛评估卷积神经网络算法,鉴于卷积神经网络技术在许多识别任务中的优异性能[15-17],可以利用两种生物特征检测一个人的有效性。利用脸部和手指构建卷积神经网络模型是高效多模态生物识别系统的基础。之所以选择这些特征,是因为人脸很独特,并且包含精确的识别数据,使其成为一个很好的选择[18-21]。为了提高识别结果的精度,增强模型的安全性和可靠性,引入了第二个属性——手指静脉。到目前为止,这两种形式的生物识别技术的结合调查最少[22-24],很少有研究采用两种特征的多模态安全系统。建议的识别方法是基于端到端卷积神经网络模型,该模型在对受试者[25-28]进行分类之前提取特征,无须使用图像分割或检测工具。

本文的结构如下:多模态生物识别系统研究总结见第12.2节;技术描述见第12.3节;实验结果详见第12.4节。在第12.5节中,我们讨论并检查了这些结果。第12.6节总结了这篇文章,并阐述了未来的后续研究。

12.2 文 献 研 究

对多模态生物识别系统的研究已经提出了几种类型。本节回顾了最近一项使用多模态生物识别系统和传统和机器学习技术的研究,如表12.1所示。Nada Alay 等[1]在2020年开发了新的多式联运安全系统,这是由于世界范围内日益增长的需求以及生物特征识别技术在日常生活中的广泛应用。该研究提出了一种新的基于神经网络算法的多通道生物特征识别系统,用于利用虹膜、面部和手指静脉生物特征识别人员。

表 12.1 现有的最先进的方法

Sr. no.	作者姓名和年	提出的工作	数据库	备注
1	Nada Alay et al.[1], 2020	ANN	SDUMLA-HMT 数据集	精度=97%
2	Quan Huang[2], 2022	加强学习	Casia 虹膜间隔 v4 和 NFBS 数据集	精度=分别为 84% 和 93% 时间=110 ms
3	Jinfeng Yang et al.[3], 2016	Gabor 顺序测量	FG 数据库	EER=3.408 匹配时间=0.257s 识别率=97.77
4	Chuang Linet al.[4], 2015	内核局部性保留投影	耶鲁大学 ORL AR 和棕榈打印资料库	精度=94.44%,92.9%,84.5%,和 90.4%
5	Sumegh Tharewal et al.[5], 2022	PCA+SVM	脸认可的大挑战	精度=89%
6	Wassim Ghazal et al.[7], 2020	SD-OCT	自己	精度=79%
7	Santosh Kumar Bharti et al.[8], 2020	致密层+LSTM+SVM	芥末数据集	精度=67.10% 精度=73.26% 召回=66.49% F1-评分=69.01%
8	Hyunsoek Choi et al.[9], 2015	HOG+Viola-Jones	查尔德数据库	EER=2.41
9	S. Shunmugam et al.[10], 2014	Viola-Jones	自己	EER=4.51
10	Madhavi Gudavalli et al.[11], 2012	SVM	自己	精度=90%
11	Ju Cheng Yang[12], 2010	SHT	自己	EER=6.17
12	Kyong I. et al.[13], 2005	PCA+SVM	二维+三维面部数据库	精度=97.5%
13	Ali Pour Yazdanpanah et al.[14], 2010	Gabor+PCA	ORL, USTB, 和 CASIA	精度=95.2%,97.3%,和 93.22%
14	Cheng Luet al.[15], 2009	PCA+LDA+MFA	ORL 面部和 PolyU 掌纹数据库	识别率=78.2%&93.6% 的时间=5.41&9.65
15	Basma Ammour et al.[16],2020	Log-Gabor 过滤器	ORL+FERET+CASIA	确认率=85.62%,83.57%和91%

　　构成系统结构的神经网络从图像中收集特征,并使用 Softmax 分类器对其进行分类。采用多种融合策略对卷积神经网络模型进行组合,研究其对识别性能的影响。这些策略包括特征和评分级别的融合。通过对多通道生物特征数据集 SDUMLA-HMT 进行大量测试,对所提出系统的性能进行了实证评估。结果表明,在生物特征识别系统中应用两种生物特征量,当分别采用各种分数级和特征级的融合方法时,采用不同评分水平和特征水平的融合方法,识别准确率分别为 100% 和 99.39%。

Quan[2]提出了一种基于强化学习的多模态生物特征融合技术。利用强化学习方法建立多模态生物识别分类器,并利用分数信息对不同模态生物识别进行融合,建立了多模态生物识别融合算法,平均特征分类准确率为97%,多模态生物识别分类时间为110 ms,声效效果好,实用性强。

这项工作创建了一个识别生物识别模态系统,基于之前的研究结果,使用卷积神经网络模型集成了人脸和手指照片。最有效的解决方案是确定使用特征和评分水平的融合与几种评分方法。

12.3 建议的工作

在所提出的方法中,我们使用了一个多模态认证系统,结合了面部和手指模态,并对该方法进行预处理,特征提取和分类。该方法的体系结构如图12.1所示。

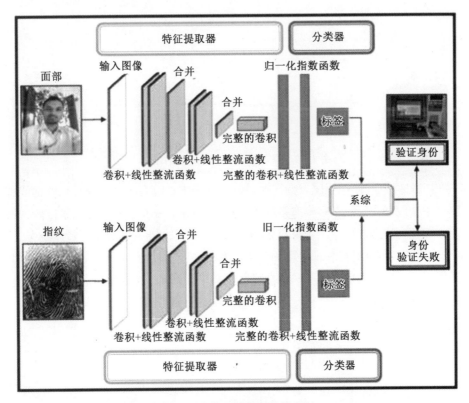

图 12.1 卷积神经网络的流程

12.3.1 预处理

我们数据清洗和数据增强技术,以提高效率的建议模态。首先,通过删除数据中的任何重复项或异常值来执行数据清理,这有助于确保系统训练在一个干净的数据集,并减少噪声的影响。然后,使用数据增强来增加数据集训练所提出的算法,这有助于增加数据集的多样性,防止模型的过度拟合,还使用降噪技术去除图像中可能影响系统准确性的任何噪声或人为因素。

12.3.2 特性提取

在使用神经网络进行特征提取的多模态系统中,卷积层和 ReLU 层分别应用于每种模态。在提出的方法中,使用人脸和手指模态;每种模态将有自己的卷积神经网络架构的特征提取。每个过滤器检测输入图像中的特定特征,如边缘、角点或纹理。特征映射表示在输入图像的不同位置激活每个过滤器。在接下来的步骤中,卷积层的输出将受到有漏洞的线性整流函数激活函数的影响。线性整流函数(Rectified linear unit,ReLU)是一种非线性激活函数,常用于神经网络,如图 12.2 所示。Leaky ReLU 将所有负值设置为某个值,正值保持不变。这将非线性引入到卷积神经网络体系结构中,使其更强大和更具表现力。

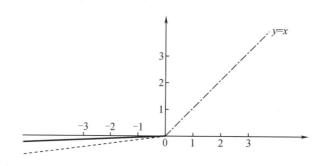

图 12.2 漏洞的线性整流函数的过程

在 ReLU 激活之后,使用池层对特征映射进行下采样。最大池是一种常用的池操作,它在每个池窗口中获取最大值。在多模态系统中,分类处理来自每个模态的输出特征映射,然后将其连接起来。完全连接层可以结合来自多种模态的特征来做出决策或执行特定任务。综上所述,在一个使用神经网络进行特征提取的多模态系统中,卷积层和 ReLU 层被分别应用于每个模态。池层用于对特征映射进行下采样并降低空间维度,如图 12.3 所示。来自每种模态的输出特征映射被连接并输入到一个完全连接的层中以进行分类或进一步处理。

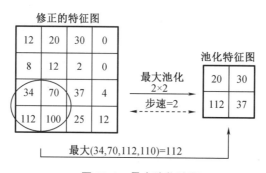

图 12.3 最大池化流程

12.3.3 分类

卷积神经网络用于多模态系统的特征提取,并将提取的结果进行分类或其他处理。完全连接的神经网络层中的每个神经元都与其下层的每个神经元相连。完全连接层允许神经网络学习输入特征和输出类之间复杂的非线性关系。在多模态系统中,每个模态的输出特征映射连接成一个向量并通过 FCL。完全连接层将一组可学习的权重和偏差应用于输入向量,以生成一组输出激活。在完全连接层中,通常使用重建激活线性整流函数将非线性引入模型。

在完全连接的层之后,使用 soft-max 层进行分类,如图 12.4 所示。Soft-max 函数是一个激活函数,它将完全连接层的输出激活转换为每个类的一组概率得分。概率总和为 1,确保输出可以被解释为准确的类标签。

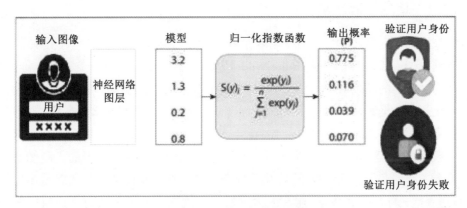

图 12.4 softmax 功能的流程

在训练过程中,利用反向传播更新全连通层中的权值和偏差,使交叉熵损失最小。在多模态系统中,完全连通层和软最大层可以结合多模态的特征进行决策或执行特定任务。例如,在使用面部和手指模态的多模态认证系统中,完全连接层和软最大层可以结合两种模态的特征来分类一个人是否被授权访问系统。综上所述,在使用神经网络进行特征提取的多模态系统中,完全连通层和软极大层是常用的分类方法。完全连通层将一组可学习的权重和偏差应用于来自多种模态的级联特征向量。软最大层将输出激活转换为每个类的概率得分。

12.3.4 集成

集成学习是一种机器学习技术,可以将多个模型的输出结合起来,以提高系统的整体性能。在多模态方法背景下,集成学习包括结合各种单模态模型的输出,以获得更准确和可靠的结果。有不同的集成学习方法,但常用的方法是"投票",在这种方法中,每个单峰模型做出一个预测,最终的预测是基于最常见的预测个别模型。

例如,如果三个单峰模型预测用户通过身份验证,其中一个表示没有通过身份验证,那么最终的预测将是用户已经通过身份验证。另一种集成学习的方法称为"堆叠",在这种方法中,每个单峰模型的输出被用作一个更高级别模型的输入,从而进行最终的预测。高级模型可以是一个简单的模型,如逻辑回归或决策树,也可以是一个更复杂的模型,如神经网络。集成学习常用于个别模型可能有较大差异或容易过度拟合的情况,这会降低整个系统的准确性和可靠性。通过结合多个模型的输出,集成学习可以减少这些可变源的影响,并提高系统的整体性能。在我们的多模态方法中,使用集成理解来组合多个单模态模型的输出,这些模型基于不同的模态训练,例如人脸和手指的数据。通过使用集成学习,取得了更准确和可靠的认证结果,证明了这种方法在提高多模态系统性能方面的有效性。

12.4 结果与讨论

12.4.1 使用的数据集

人脸数据集:在本研究中,我们使用两个标准的人脸数据集,即 LFW 和 CMU。野外人脸标记数据集(The Labeled Faces in the Wild,LFW)是面部识别的一个流行的基准数据集,包含了从网上收集的超过 13 000 张 5 749 个人的面部图片。数据集包括姿势、表情、光照和遮挡的变化。该数据集被广泛应用于评价面部识别算法,并已在众多的研究中得到应用。卡内基梅隆大学(The Carnegie Mellon University,CMU) Multi-PIE 数据集是一个面部识别和表情分析数据集,包含 337 个具有姿势、照明、表情和遮挡变化的受试者的人脸图像。数据集包括每个主题的多个会话和视点,使其适合于多模态身份验证系统。数据集还提供如姿势、照明和表达式标签等元数据,使其成为表达式识别任务的理想选择。这两种数据集常用于计算机视觉和机器学习,用于开发和评估面部识别和表情分析算法。

手指数据集:两个指纹数据库 ATVS-FFp 和 FVC2006 是用来完全实施提议的方法,可以识别 1 344 个指纹,并告诉假的还是真的。在所提出的使用人脸和手指模态进行认证和分类的多模态系统中,所有四个标准数据库都可以用于训练和评估系统的人脸和手指识别组件。使用这些数据集可以开发一个健壮和准确的人脸和手指识别模型,可以结合手指模态进行多模态认证。

12.4.2 评估参数

准确性、精确度和查全率是机器学习中用于评估分类模型性能的标准评估指标,包括在使用人脸和手指模态进行认证和分类的多模态系统中。

准确性是衡量分类模型总体性能的一个度量指标,是正确预测的样品与样品总数的比率。在多模态系统中,准确性可以衡量正确鉴定样本的百分比,同时考虑到面部和手指的模态。

精确度是一个度量标准,衡量准确的阳性样本(正确分类为阳性)占乐观预测总数(真正的阳性+假阳性)的比例。在多模态系统中,精确度将衡量使用面部和手指模态的正确鉴定样本在归类为真实的样本总数中所占的比例。召回度量衡量的是准确正面模型与实际正面例子总数(真正正面+假正面)的比率。在多模态系统中,召回将测量使用面部和手指模态的正确认证样本在真实模型总数中所占的比例。

12.4.3 比较结果

1. 人脸数据集的结果

我们的研究采用了一种多模态方法,利用人脸和手指模态进行认证和分类。我们使用了几个评估指标来评估过程的性能,包括准确性、精度、召回率和 F1 分数。我们还使用野生标记面部数据集评估了方法的性能,分别是 99.07% 的准确度和 97.57% 的精确度,96.35% 的召回率,f1 分数为 96.95%,如表 12.2 和图 12.5 所示。这些结果表明,我们的方法在认证用户方面取得了较高的准确性,同时在精度和召回率之间保持了良好的平衡。

表 12.2 关于人脸 LFW 数据集的结果,CMU 数据集

	LFW 数据集	CMU 数据集
准确度	99.07%	97.38%
精确率	97.57%	96.01%
召回率	96.35%	95.8%
F1 分数	96.95%	95.90%

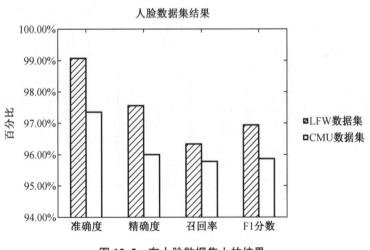

图 12.5 在人脸数据集上的结果

类似地,我们使用卡内基梅隆大学 Multi-PIE 数据集来评估方法的性能,准确度为 97.38%,精确率为 96.01%,召回率为 95.8%,F1 分数为 95.90%,结果表明,多模态方法可以实现高精度,在保持良好的平衡准确率召回率时,应用于不同的数据集。总的来说,我们的研究结果显示了用于认证和分类的多模态方法的有效性,并且表明它可以用于需要健壮和准确的用户识别的各种应用程序。

2. 手指数据集的结果

作为评估的一部分,我们还使用了两个手指数据集,即 ATVS-FFp 和 FVC2006 数据集。

我们在上述数据集上评估了多模态方法。在 ATVS-FFp 数据集上,多模态方法达到了 99.18% 的准确度,97.31% 的精确率,96.88% 的召回率和 97.09% 的 F1 评分,如表 12.3 和图 12.6 所示,结果表明,我们的方法在基于人脸数据的用户认证方面具有很高的影响力,在保持精度和召回率之间良好平衡的同时,实现了较高的准确性。同样,在 FVC2006 数据集上,我们的方法达到了 98.08% 的准确率,96.19% 的准确率,95.47% 的召回率和 95.83% 的 F1 评分。这些结果表明,该方法可有效验证用户对这个数据集的认证,从而实现高精度,并在准确率召回率之间保持了良好的平衡。对人脸数据集的评估表明,其在认证和分类方面更加有效和适应性更强,表明在各种实际应用中的潜力。在研究中,探讨了单模态和多模态认证和分类方法,为单峰方法分别使用面部或手指数据来训练和测试我们的模型。

表 12.3　手指 ATVS-FFp 数据集的结果,FVC2006 数据集

	ATVS-FFp 数据集	FVC2006 数据集
准确度	98.18%	98.08%
精确率	97.31%	96.19%
召回率	96.88%	95.47%
F1 分数	97.09%	95.83%

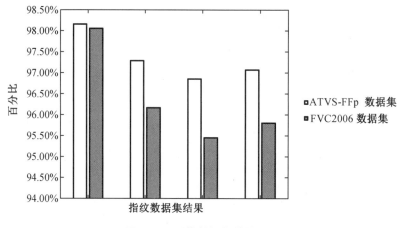

图 12.6　手指数据集的结果

在人脸数据上,单峰系统的准确度为 98.22%。

同样,在手指数据上,单峰政策获得了 98.13% 的准确性,这些结果表明,当单独使用时,面部和手指数据足以进行用户身份验证。然而,为了提高方法的整体性能和可靠性,还探索了一种集成学习方法,将单峰模型的输出结合起来,这样可获得 98.08% 的准确度,如表 12.4 所示。虽然使用集成学习方法获得的精度略低于使用单峰过程对人脸数据获得的精度,但它提供了一种更稳健和可靠的用户认证方法。

表 12.4　单峰和多模态生物识别系统的平均精度

	特征	准确度
单峰生物特征	脸	98.22%
	手指	98.13%
多模态生物识别	集成 $\{f=\max(x1,x2,x3,\cdots.xn)\}$ $F=\max(97.38,98.08)$	98.08%

通过结合不同模态训练的多个模型的输出,我们可以减少噪声和其他可能影响个体模态的可变来源的影响,从而获得更准确和可靠的认证结果。总的来说,我们的研究结果展示了多模态方法的潜力,并强调了考虑集成学习方法对提高认证和分类系统的准确性和稳健性的重要性。

12.5　结　　论

总之,已开发出了一种独特、安全、多模态的用户识别范式。

该系统采用卷积神经网络算法和集成方法,对用户的面部和手指特征进行身份验证。正如已指出的,对手指特征识别系统的研究相对较少。建议模型使用两个卷积神经网络来识别每个特征。使用公开可访问的基准数据集来评估该模型的性能。实验结果证明了卷积神经网络算法的显著性能。研究还表明,利用两种生物特征可以提高识别系统的性能。

为了展开进一步研究,研究人员希望为三个以上的生物识别模块创建卷积神经网络。作者还打算研究深度学习方法如何影响识别质量等。

参 考 文 献

[1] Alay, N. and Al-Baity, H. H., Deep learning approach for multimodal biometric recognition system based on a fusion of iris, face, and finger vein traits. *Sensors*, 20, 19, 5523, 2020.

[2] Huang, Q., Multimodal biometrics fusion algorithm using deep reinforcement learning. *Math. Probl. Eng.*, 22, 1, 1-9, 2022.

[3] Yang, J., Zhong, Z., Jia, G., Li, Y., Spatial circular granulation method based on multimodal finger feature. *J. Electr. Comput. Eng.*, 16, 1, 1-7, 2016.

[4] Lin, C., Jiang, J., Zhao, X., Pang, M., Ma, Y., Supervised kernel optimized locality preserving projection with its application to face recognition and palm biometrics. *Math. Prob. Eng.*, 15, 1, 1-10, 2015.

[5] Tharewal, S., Malche, T., Tiwari, P. K., Jabarulla, M. Y., Alnuaim, A. A., Mostafa,

A. M., Ullah, M. A., Score-level fusion of 3D face and 3D ear for multimodal biometric human recognition. *Comput. Intell. Neurosci.*, 22, 1, 1–9, 2022. 266 Multimodal Biometric and Machine Learning Technologies

[6] Ma, Y., Huang, Z., Wang, X., Huang, K., An overview of multimodal biometrics using the face and ear. *Math. Probl. Eng.*, 20, 1, 1–17, 2020.

[7] Ghazal, W., Georgeon, C., Grieve, K., Bouheraoua, N., Borderie, V., Multimodal imaging features of Schnyder corneal dystrophy. *J. Ophthalmol.*, 20, 1, 1–10, 2020.

[8] Bharti, S. K., Gupta, R. K., Shukla, P. K., Hatamleh, W. A., Tarazi, H., Nuagah, S. J., Multimodal sarcasm detection: A deep learning approach. *Wirel. Commun. Mob. Comput.*, 22, 1, 1–10, 2022.

[9] Choi, H. and Park, H., A multimodal user authentication system using faces and gestures. *BioMed. Res. Int.*, 15, 1, 1–8, 2015.

[10] Shunmugam, S. and Selvakumar, R. K., Electronic transaction authentication—A survey on multimodal biometrics, in: *2014 IEEE International Conference on Computational Intelligence and Computing Research*, pp. 1–4, 2014.

[11] Gudavalli, M., Viswanadha Raju, S., Vinaya Babu, A., Srinivasa Kumar, D., Multimodal biometrics-sources, architecture, and fusion techniques: An overview, in: *International Symposium on Biometrics and Security Technologies*, pp. 27–34, 2012.

[12] Yang, J., Biometrics verification techniques combing with digital signature for a multimodal biometrics payment system, in: *IEEE International Conference on Management of e-Commerce and e-Government*, pp. 405–410, 2010.

[13] Chang, K., II, Bowyer, K. W., Flynn, P. J., An evaluation of multimodal 2D+3D face biometrics. *IEEE Trans. Pattern Anal. Mach. Intell.*, 27, 4, 619–624, 2005.

[14] Pour, Y. A., Faez, K., Amirfattahi, R., Multimodal biometric system using face, ear and gait biometrics, in: *10th IEEE International Conference on Information Science, Signal Processing and their Applications (ISSPA 2010)*, pp. 251–254, 2010.

[15] Lu, C., Liu, D., Wang, J., Wang, S., Multimodal biometrics recognition by dimensionality reduction method, in: *Second IEEE International Symposium on Electronic Commerce and Security*, pp. 113–116, 2009.

[16] Ammour, B., Boubchir, L., Bouden, T., Ramdani, M., Face – Iris multimodal biometric identification system. *Electronics*, 9, 1, 85–91, 2020.

[17] Kumar, S., Jain, A., Agarwal, A. K., Rani, S., Ghimire, A., Object-based image retrieval using the u-net-based neural network. *Comput. Intell. Neurosci.*, 21, 1–14, 2021.

[18] Kumar, S., Rani, S., Jain, A., Verma, C., Raboaca, M. S., Illés, Z., Neagu, B. C., Face spoofing, age, gender and facial expression recognition using advance neural network architecture-based biometric system. *Sens. J.*, 22, 14, 5160–5184, 2022.

[19] Rani, S., Gowroju, S., Kumar, S., IRIS based recognition and spoofing attacks: A review, in: *2021 10th International Conference on System Modeling & Advancement in Research Trends (SMART)*, IEEE, pp. 2-6, 2021. Multimodal Biometric Fusion: CNN for Banking 267

[20] Kumar, S., Singh, S., Kumar, J., Prasad, K. M. V. V., Age and gender classification using seg-net based architecture and machine learning. *Multimed. Tools Appl.*, 22, 3, 1-18, 2022.

[21] Kumar, S., Singh, S., Kumar, J., Face spoofing detection using improved SegNet architecture with blur estimation technique. *Int. J. Biom. Indersci. Publ.*, 13, 2-3, 131-149, 2021.

[22] Rani, S., Kumar, S., Ghai, D., Prasad, K. M. V. V., Automatic detection of brain tumor from CT and MRI images using wireframe model and 3D Alex-Net, in: *2022 International Conference on Decision Aid Sciences and Applications (DASA)*, pp. 1132-1138, 2022.

[23] Rani, S., Lakhwani, K., Kumar, S., Three-dimensional wireframe model of medical and complex images using cellular logic array processing techniques, in: *International Conference on Soft Computing and Pattern Recognition*, Springer, Cham, pp. 196-207, 2020.

[24] Rani, S., Ghai, D., Kumar, S., *Reconstruction of a wireframe model of complex images using syntactic pattern recognition*, pp. 8-13, IET, Bahrain, 2021.

[25] Shilpa, R., Ghai, D., Kumar, S., Kantipudi, M. V. V., Alharbi, A. H., Ullah, M. A., Efficient 3D AlexNet architecture for object recognition using syntactic patterns from medical images. *Comput. Intell. Neurosci.*, 22, 1-19, 2022.

[26] Sandeep, K., Singh, S., Kumar, J., Face spoofing detection using improved SegNet architecture with blur estimation technique. *Int. J. Biom. Indersci. Publ.*, 13, 2-3, 131-149, 2021.

[27] Kumar, S., Mathew, S., Anumula, N., Chandra, K. S., Portable camera-based assistive device for real-time text recognition on various products and speech using android for blind people, in: *Innovations in Electronics and Communication Engineering*, *Lecture Notes in Networks Systems*, pp. 437-448, 2020.

[28] Gowroju, S. and Kumar, S., Robust pupil segmentation using UNET and morphological image processing, in: *2021 International Mobile*, *Intelligent*, *and Ubiquitous Computing Conference (MIUCC)*, pp. 105-109, IEEE, 2021.

第 13 章 基于多模态生物计量验证的安全自动证书创建

Shilpa Choudhary[1]*, Sandeep Kumar[2], Monali Gulhane[3] 和 Munish Kumar[4]

摘要

在安全的自动证书创建系统中,多模态生物特征验证对其安全性和准确性至关重要。该系统可以利用面部、指纹和语音识别等多种生物识别特征,对用户的身份进行高精度和可靠性的验证。每个生物特征元素都提供了一个难以复制或伪造的唯一标识符,从而减少了在证书创建过程中发生欺诈或冒名顶替的风险。该系统的主要步骤之一是以一种安全的格式收集候选的人脸图像和指纹,如 tif、jpg 或 png。然后,将收集到的图像作为基础,使用保留图像基本特征的软件,为每个候选图像创建唯一的证书。数据以 xls 和 xlsx 格式存储,以确保证书创建过程中的准确性和安全性。使用 MS Excel 是因为它提供了数学和统计工具,可用于文件内部数据的计算和分析。这种方法有助于证书创建过程的自动化,确保高准确性、安全性和数据完整性。总的来说,该系统提供了一个更高效和可靠的证书来创建解决方案,减少了管理员的工作负载,也减少了潜在的错误。

关键词:面部识别;Haar 特征;手指识别;糠特征,excel

13.1 引 言

随着个人识别在计算机应用中日益重要,生物识别技术也越来越流行,特别是在嵌入式系统应用中。然而,集中式云环境也有一些缺点,

如数据安全、系统管理,以及在个人便携式设备中丢失存储和计算机会。安全性是一个重要的问题,特别是生物识别技术,因为它是敏感数据,而隐私法管理了它的使用[1]。为了解决所面临的这些挑战[2],我们开发了一种利用加密的生物识别技术来自动生产证书的

---

* 通讯作者,邮箱:shilpachoudhary1987@ gmail. com。

1. 计算机科学与工程系,尼尔·高特理工学院·海特拉巴,印度。

2. 计算机科学与工程系,Koneru Lakshmaiah 教育基金,维杰亚瓦达,印度。

3. 计算机科学与工程系,邪格浦尔共生研究所,共生国际(认定大学),普纳,马哈拉施特拉邦,印度。

4. 电子商务系,Maa Saraswati 工程技术研究所,卡拉努尔,印度。

多模态认证系统。该方法利用各种身体和行为特征,如面部特征、指纹、虹膜和声音模态,以识别个体。这种方法很熟悉,因为它已经使用了几千年,基于解剖和行为特征来识别人的科学,也被称为贝蒂隆格(Bertillonage),由法国警官阿方斯·贝蒂隆(Alphonse Bertillon)在19世纪晚期的发明[1,3]。面部识别技术使用数学模型来识别独有的特征,如眼睛、鼻子和嘴之间的距离。类似地,指纹识别技术识别指尖上的独有模态,如脊和谷,而语音识别技术则分析音高、音调和口音来独特地识别个体。结合这些生物特征,安全自动证书创建系统确保了高度安全和准确的验证,这在自动证书生产中至关重要[4]。

生物识别特征,如面部特征、指纹和虹膜模态,是用于识别一个人的物理特征,如图13.1所示。与传统的认证方法相比,基于生物识别的认证系统的认证方法更受青睐,因为它们是自动化的,提供了更高的安全性[5]。传统的身份验证方法依赖于所拥有的东西,比如智能卡或所知道的东西,比如密码,这些可能会丢失、被盗或被遗忘。识别人的生物识别系统被广泛应用于各种应用程序中,包括访问控制、时间和考勤管理以及身份验证。这些系统操作有两种模态:识别使用一对一匹配,验证使用一对多匹配[6,7]。在识别模态下,该系统将个体的生物特征与已知生物特征数据的数据库进行比较,以确定其身份。

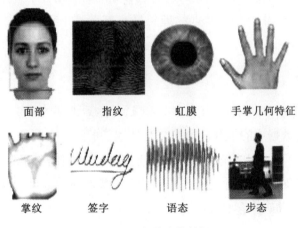

面部　　　　指纹　　　　虹膜　　　手掌几何特征

掌纹　　　　签字　　　　语态　　　　步态

图13.1　各种生物特征

在验证模态下,系统将个人的生物特征数据与存储的数据进行比较,以验证他们的身份。该工作通过多模态生物识别技术将人脸和手指识别相结合,以提高基于生物识别的认证的安全性和准确性[8]。该系统利用一个数学模型来识别特定的面部特征,如眼睛、鼻子和嘴之间的距离,以及指尖上的独特模态,如山脊和山谷。通过结合这些生物特征,该系统提供了一个高度安全和准确的验证过程[9,10]。多模态生物识别技术是解决单模态生物识别系统局限性的一种实用方法,如有限的准确性和对欺骗攻击的敏感性。通过使用多种生物特征,多模态生物特征系统提供了更高的安全性和准确性,使其在各种应用中更加可靠,包括自动创建证书。

13.1.1 背景

采用 Haar 特征选择和 Haar 特征作为特征检测器,计算出矩形的积分图像,用于面部识别。每个人都有一些独有的特征,比如眼睛、鼻子和嘴,但由于眼睛周围的区域更深,鼻子和嘴会有不同的形状,所以这些特征会进行比较。创建的下一个是一个集成的图片[11,12]。矩形在(x,y)处计算矩形以创建图像。在构建图像后,我们提供 AdaBoost 指令来识别从大到小的视觉元素集。级联分类器聚合了上述所有信息,并消除了背景。

可以使用一种称为 PCA 的方法来进行特征提取。分析是一种实用的统计方法,应用于面部识别和图像缩减等领域,是在高维数据中识别模态的典型方法[13]。它是指通过指定一组数量少于初始变量的新变量来减少数据收集的维度的过程,该变量主要保留来自所提供数据的信息。主成分分析引入了数学术语,如标准差、协方差、特征向量和特征值[14],它是一种查看数据中的模态和呈现数据的方法,以显示其相似性和对比性。主成分分析是一种有效的数据分析方法,因为当无法获得丰富的图形表示时,可能很难在高维数据中识别数据中的模态。K 均值聚类技术是最常用的聚类技术之一[15]。这种非监督式学习分析方法的主要目的是将数据分类为不同的信息类别,它有不同的数据分析应用程序。这种方法需要多轮特定的过程来获得所有数据点的理想最小答案。让我们更详细地研究一下这个过程。

$$J = \sum_{i=1}^{k} \sum_{j=1}^{n} \| X_j - C_i \|^2 \tag{13.1}$$

明确定义这一功能可以将程序分为多个阶段,并达到预期的结果。我们的起点是以表示中心的数量和大量数据项的集合。第一步是从我们的点中选择 K 个随机点作为分区中心[16]。然后,在计算了收集中的每个数据点与这些中心之间的距离后,记录结果。我们使用前一步的计算作为支持,将每个位置与最近的集群中心关联起来。这样做是为了确定每个点的最小距离,然后将该点包含在指定的分区集中。应使用数学方法来更新集群中心的位置:

$$C_i = \frac{1}{|K_i|} \sum_{x_j = k} X_j \tag{13.2}$$

从集群中心开始重启发生更改。另外,成功计算出 K 均值聚类方法,得到了划分的成员和质心。

基于多项式重构问题的不可能性,我们采用模糊穹顶来识别手指。

此外,模糊保险库可以处理生物特征数据的类内差异,并处理无序的收集[17-19]。模糊保险库允许加密集和解密集之间的细微差别,其中组是无序的,用于锁定和解锁保险库。相比之下,经典密码系统中密钥的单位差异完全阻止了解密。这种模糊性在生物识别中使用是必需的,因为由于测量噪声或非线性失真[20,21],对同一生物识别的连续测量可能经常提供不同的信号。例如,对同一指纹的两个印模之间可能存在显著的失真,而且特征的数量可能会有所不同。模糊金库方案中的三个主要参数是：

(1)多项式上的点数可以从用户指纹中的分钟点数中检索出来；

(2)保险库的安全性取决于这个参数以及添加了多少个箔条；

(3)当添加更多的箔条点时,安全性会得到提高。

编码多项式的程度调节了系统对生物特征数据不准确性[22,23]的容忍度。多项式度通常低于从生物特征数据中采集到微小节点数量。模糊保险库的编码步骤采用了箔条生成方法来产生随机事实。这些箔条点隐藏了细节点,通常被称为噪声的一个点,这也确保了加密密钥。创建任何箔条点都必须满足一些要求。首先,应该避免躺在基本问题所在的多项式上,其次,在分配箔条点时不应该有任何模态。最后,每个箔条点必须远离每个模糊金库构件。

13.2　文献研究

人们已经采取了几项措施来提高安全性,以防止不必要地获取个人信息。几篇关于面部和手指识别的文章已经发表,以提供安全级别。Ye,clii 等[1]提出了一种深度神经网络的人脸检测方法。在该技术中,实现了一个具有四个隐藏层的深度学习或人工神经网络分类器。对于试验,建议的方法中使用了 LFW 数据集(7000)和 CAS-PEAL 数据集(4000)。测试结果表明,校正率(correction rate,CR)、缺失检测率(missing detection rate,MDR)和假检测率(false delection rate,FDR)提高了系统的性能。

Ghimire 等[2]建立了一种可靠的利用肤色和边缘的人脸检测方法。在预处理阶段,使用 YCbCr 和 RGB 空间进行皮肤分割后,再进行图像增强处理。皮肤分割和输入图片的边缘(Canny 边缘)用于识别人脸。FRGC 数据集(302 个正面图像样本)XXX 用于该技术的研究。实验结果表明,该系统的正确检测率(Correct Detection Rate,CDR),错误阳性率(False Positive Rate,FPR),缺失率(Missing Rate,MR)和正确检测率(Correct Detection Rate,CDR)分别为 80.1%,3.31%和 19.8%。

Abdul Rahman 等[3]提出了一个人脸检测模型。在推荐的技术中, 使用 RGB-H-CbCr 皮肤颜色模型对人脸检测进行分割。实验表明,可以以合理的速率成功检测近额面,提高系统性能。结果显示,该方法的误检率为 28.29%,检测成功率(DSR)为 90.83%。

Seyyed 等[4]提出了一种基于边缘的高效人脸检测和特征提取方法,该方法采用多层前馈神经网络来区分人脸和非人脸。Viola-Jones 面部识别技术使用该分类器的输出作为输入。通过 Canny Edge 检测,提取特征。根据实验结果,使用 AdaBoost 的神经网络的检测率为 94.1%,而假阳性率为 6.5%。这种建议的方法的局限性在于程序中只使用了五张样品的照片。

模糊金库最初是由 Juels 和 Sudan[5]提出的。他们使用了 Alice 和 Bob 的场景,Alice 把一个秘密的 S 密封在一个模糊的金库中,然后用一个无序的集合 A 锁住它。只有当集合 B 有相当大的重叠时,同样拥有一个无序集 B 的 Bob 才能打开保险箱。使用 Alice 的密钥创建一个多项式 P。集合 A 由多项式点组成,一些不落在所选多项式上的箔条点随后被添加。

基于 Juels 和 Sudan 的模糊金库,Clancy 等[6]提出了一个指纹保险库。这项工作中的锁定设置由许多细节位置组成。在本研究中,提出了使用随机点,或者说"箔条点"的想法,这些随机点并不位于多项式上。箔条点旨在隐藏细节点,防止模糊金库的不当使用。随着箔条点数的增加,保险库的安全性得到了提高。这种方法假设创建保险库和回答查询所需的指纹已经对齐。

Seira Hidano 等[7]提出了一种模糊保险库安全方法,该系统经过加密后保存用户模板,并采用模糊保险库方案从用户模板和请求的生物特征信息中生成个人数据,它只包括一项措施,即只泄露足够的信息,使得无法检索用于获取这些信息的个人数据或用户模板,以及使得有可能从用户的生物特征信息中生成个人数据。为了评估该技术的模板安全性,本研究对一个指纹认证系统进行了仿真,这种方法也用于指纹匹配系统中,通过设置元素的数目"k"和奇偶校验码组件的数目"g"为可接受的值。研究发现,如果个人资料是×××授权的个人资料,那么这些个人资料被恢复的可能性很大。这种方法根据提供的生物特征数据和注册的模板生成个人数据,该模板对模板和机密数据都提供了极端的保密性。

据 Kikuchi 等[8]的研究,细节是从指纹中提取的共同特征,可以重新排列。通过一种新的模糊保险库指纹系统解决了这个问题,该系统对所有细节点和箔条(假细节点)分配识别号码,并利用贪婪短距离算法建立正确的指纹顺序。基本概念是给予事实和箔条细节的同一性,使重排序成为可能,使得采用一种有效的错误收集算法来解决生物特征数据的不确定性。此外,该系统的准确性和性能比较了各种已经在使用的技术。

13.3　建议的工作

多模态生物识别系统主要起模态识别系统的作用,从人收集生物识别信息,从数据中提取特征集,并将质量集与数据库中的模板集进行比较,如图 13.2 所示。

1. 生物识别传感器模块

生物识别传感器收集用户的个人身份信息。质量检查模块评估收集的数据的质量,以确保提取的生物特征数据的可靠性。如果收集到的数据不符合质量标准,该模块会提示用户提供另一个样本。

2. 特征提取器模块

特征提取模块从收集到的生物特征数据中提取关键特征,用于识别个人真实身份。此特性集将被保存为生物特征模板,以便将来验证。该模板旨在承受用户生物统计数据的变化,并将其与其他可能具有类似功能的用户区分开来,如图 13.3 所示。

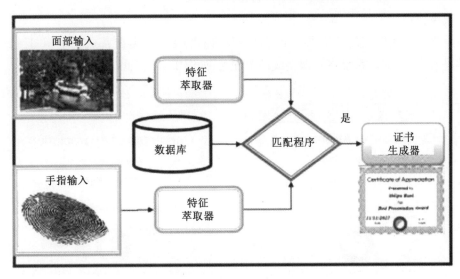

图 13.2　建议的方法流程图

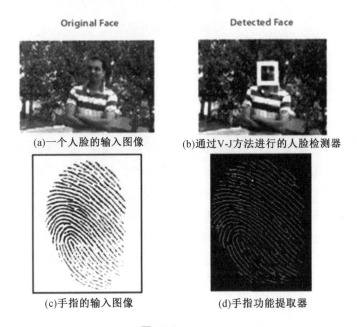

(a)一个人脸的输入图像　　　　　(b)通过V-J方法进行的人脸检测器

(c)手指的输入图像　　　　　(d)手指功能提取器

图 13.3

3. 模板数据库

模板数据库存储在登记过程中收集到的生物特征模板,该应用程序确定数据库的大小。

4. 匹配模块

匹配模块将生物特征查询数据与保存的模板进行比较,并生成一个反映它们之间的相似性水平的匹配分数。例如,在指纹验证中,匹配分数由查询和模板之间匹配的细节的数量决定。

同样,对于面部识别,评分是基于查询和模板人脸之间的相似度。

5.决策模块

决策模块使用匹配的结果来确定用户的身份。如果两个匹配都成功了,并且结果表明该个体是真实的,那么系统将立即生成一个证书,如图 13.4 所示。

(a)证书示例

(b)验证后获奖者证书

图 13.4　相关证书

13.4　实验结果

MATLAB 是一个以矩阵为主要数据元素的交互式系统,能够快速解决各种计算机技术问题,特别是矩阵表示。它包括为今天的处理器和存储器架构优化的现代数值计算软件。MATLAB 可以处理任何图像,无论是存储、实时或其他。该语言提供了降噪、几何和视觉数据修改、纹理特征提取、视觉数据压缩以及选择感兴趣区域的视觉数据分割等工具。

我们提出的方法利用 MATLAB 的图像处理和捕获工具。图 13.5 演示了对建议模块的评估,使用我们自己的数据库。我们使用建议的方法捕获面部输入图像进行验证,然后在另一轮面部验证后进行手指验证。在两轮验证完成后,只有 MATLAB 可以阅读 Excel 表格,表格提供了参赛者和获胜者的名单,我们必须出示证书。建议模块的最后一步将生成一个包含上述个人证书的 Excel 文件。与手动处理相比,该模块显著减少了所需的时间和精力。

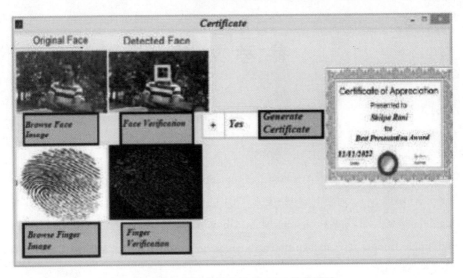

图 13.5　所提出的方法的 GUI 总体模块

13.5　结论与展望

　　基于多模态生物计量验证的安全自动证书创建过程为会议和技术盛宴等重要事件自动生成证书,提供了一种有效的解决方案,该方法采用 Haar 和 PCA 特征提取技术进行面部识别,生成随机箔条斑点进行手指识别。一旦获胜者的身份得到验证,系统就会自动为他们创建证书。这两种方法都提供了高精度,并且只需要最少的处理时间。在重大事件中,考虑到精度、效率、工作量和功耗因素,建议的过程优于其他产生证书的方法。此外,该系统还可以扩大规模,以处理用于企业和组织分析的大型数据集。总之,拟议的过程提供了为重大事件生成证书的可靠和有效的方法,它使用先进的特征提取技术和图像处理工具在 MATLAB 使准确和快速的个人认证。该工艺具有进一步发展和改进的前景。未来研究的一个潜在途径是研究区块链技术在安全和防篡改证书生成中的应用。区块链通过将证书存储在分散的分布式分类账中,可以确保证书的真实性和不可变性。这种方法可以防止操纵或伪造证书,提高证书生成过程的可信度。此外,建议的方法还可以推广到证书生成以外的其他应用程序,如在线交易的身份验证或访问控制系统,该系统可利用相同的图像处理和特征提取技术,为各种与身份有关的应用程序提供可靠和安全的解决方案。综上所述,该工艺具有广阔的应用前景。该系统可以通过结合深度学习和区块链等先进技术来提高其准确性、安全性和效率,使其成为各种身份相关应用的理想解决方案。

参 考 文 献

[1] Ye, X., Chen, X., Chen, H., Gu, Y., Lv, Q., Deep learning network for face detection, in: *2015 IEEE 16th International Conference on Communication Technology (ICCT)*, pp. 504-509, IEEE, 2015.

[2] Ghimire, D. and Lee, J., A robust face detection method based on skin colour and edges. *J. Inf. Process. Syst.*, 9, 1, 141-156, 2013.

[3] Haghighat, M., Abdel-Mottaleb, M., Alhalabi, W., Fully automatic face normalization and single sample face recognition in unconstrained environments. *Expert Syst. Appl.*, 47, 23-34, 2016.

[4] Valiollahzadeh, S. M., Sayadiyan, A., Nazari, M., Face detection using adaboosted SVM-based component classifier. 76, 1-6, *arXiv*, 2008, preprint arXiv:0812.2575.

[5] Ari, J. and Sudan, M., A fuzzy vault scheme ‖, in: *IEEE International Symposium Information Theory*, p. 408, Lausanne, Switzerland, 2002.

[6] Clancy, T., Lin, D., Kiyavash, N., Secure smartcard-based fingerprint authentication ‖, in: *Proceedings of ACM SIGMM Workshop on Biometric Methods and Applications*, pp. 45-52, Berkley, CA, 2003.

[7] Seira, H., Ohki, T., Komatsu, N., Kasahara, M., On biometric encryption using fingerprint and its security evaluation ‖, in: *10th International Conference on Control, Automation and Robotics and Vision*, pp. 950-956, 2008.

[8] Hiroaki, K., Onuki, Y., Nagai, K., Evaluation and implementation of fuzzy vault scheme using indexed minutiae ‖. *Proc. IEEE*, 4413865, 3709-3712, 2007.

[9] Ross, A. and Jain, A. K., Multimodal biometrics: An overview, in: *2004 12th European Signal Processing Conference*, pp. 1221-1224, IEEE, 2004.

[10] Ali, Z., Hossain, M.S., Muhammad, G., Ullah, I., Abachi, H., Alamri, A., Edge-centric multimodal authentication system using encrypted biometric templates. *Future Gener. Comput. Syst.*, 85, 76-87, 2018.

[11] Malcangi, M., Developing a multimodal biometric authentication system using soft computing methods, in: *Artificial Neural Networks*, pp. 205-225, Springer, New York, NY, 2015.

[12] Kumar, S., Jain, A., Agarwal, A. K., Rani, S., Ghimire, A., Object-based image retrieval using the u-net-based neural network. *Comput. Intell. Neurosci.*, 21, 14, 2021.

[13] Sandeep, K., Rani, S., Jain, A., Verma, C., Raboaca, M. S., Illés, Z., Neagu, B. C., Face spoofing, age, gender and facial expression recognition using advance neural network architecture-based biometric system. *Sens. J.*, 22, 14, 5160-5184, 2022. Certificate Creation Based on Multimodal Biometric 281

［14］ Rani, S., Swathi, G., Kumar, S., IRIS based recognition and spoofing attacks：A review, in：*2021 10th International Conference on System Modeling & Advancement in Research Trends (SMART)*, pp. 2-6, IEEE, 2021.

［15］ Kumar, S., Singh, S., Kumar, J., Prasad, K. M. V. V., Age and gender classification using Seg-net based architecture and machine learning. *Multimed. Tools Appl.*, 22, 3, 1-18, 2022.

［16］ Kumar S., Singh, S., Kumar, J., Face spoofing detection using improved SegNet architecture with blur estimation technique. *Int. J. Biom. Indersci. Publ.*, 13, 2-3, 131-149, 2021.

［17］ Rani, S., Kumar, S., Ghai, D., Prasad, K. M. V. V., Automatic detection of brain tumor from CT and MRI images using wireframe model and 3D Alex-Net, in：*2022 International Conference on Decision Aid Sciences and Applications (DASA)*, pp. 1132-1138, 2022.

［18］ Rani, S., Lakhwani, K., Kumar, S., Three-dimensional wireframe model of medical and complex images using cellular logic array processing techniques, in：*International Conference on Soft Computing and Pattern Recognition*, pp. 196-207, Springer, Cham, 2020.

［19］ Rani, S., Ghai, D., Kumar, S., *Reconstruction of a wireframe model of complex images using syntactic pattern recognition*, pp. 8-13, IET, Bahrain, 2021.

［20］ Rani, S., Ghai, D., Kumar, S., Kantipudi, M. V. V., Alharbi, A. H., Ullah, M. A., Efficient 3D AlexNet architecture for object recognition using syntactic patterns from medical images. *Comput. Intell. Neurosci.*, 21, 1-19, 2022.

［21］ Kumar, S., Singh, S., Kumar, J., Face spoofing detection using improved SegNet architecture with blur estimation technique. *Int. J. Biom. Indersci. Publ.*, 13, 2-3, 131-149, 2021.

［22］ Kumar, S., Mathew, S., Anumula, N., Chandra, K. S., Portable camera-based assistive device for real-time text recognition on various products and speech using android for blind people, in：*Innovations in Electronics and Communication Engineering*, *Lecture Notes in Networks and Systems*, pp. 437-448, 2020.

［23］ Gowroju, S. and Kumar, S., Robust pupil segmentation using UNET and morphological image processing, in：*2021 International Mobile, Intelligent, and Ubiquitous Computing Conference (MIUCC)*, pp. 105-109, IEEE, 2021.

第14章 使用卷积神经网络的基于面部和虹膜的安全授权模型

Munish Kumar[1*], Abhishek Bhola[2], Ankita Tiwari[3] 和 Monali Gulhane[4]

摘要

生物识别安全正成为全球数据安全范围内的一个突出问题。在网络世界不受控制的环境中,人类身份识别的多模态生物识别解决方案正获得广泛的关注,其主要目的是提供多模态生物特征认证。与使用单模态生物识别指标的单峰生物识别指标,如指纹、面部、手印或虹膜相比,多模态认证提供了更有效的身份验证。提高智能城市识别率的多模态生物识别方法仍是一个复杂的问题。本章通过结合虹膜和面部生物识别技术,改进了智能城市的多模态生物识别技术。在这其中,人们的面孔和虹膜相互匹配,连接起来,计算出自动识别一个人的得分水平。通过利用基于神经网络的架构实现了这一点。结果表明,该方法的准确率为99.03%,等误差率为0.15%。对于所有需要更高精度和安全性的行业来说,多模态生物识别技术是最好的解决方案。

关键词:虹膜识别;面部识别;图像边缘检测;认证;数据库

14.1 引　　言

生物识别系统是一种基于行为或生理属性来识别一个人的计算机化系统,它在一些应用程序中取得了显著的进步,如安全性、身份识别、密码保护和监视[1]。所有已知的生物识别系统都是单一的,依赖于单一的信息来源进行识别,与基于占有的身份相比[2,3],不能丢失、遗忘、猜测或容易伪造。指纹是在所有其他生物特征中最常用的生物特征。虹膜也是最值得信赖的生物识别特征,因为它在整个时间过程中是独特和一致的[4,5]。

单峰生物识别系统存在噪声数据、类间相似性、非普适性、欺骗等问题。这些问题提高

---

* 通讯作者,邮箱:engg. munishkumar@ gmail. com。

1. 计算机科学与工程系,Koneru Lakshmaiah 教育基金,维杰亚瓦达,印度。

2. 杜里·查兰·辛格·哈里亚纳邦农业大学,农业学院,巴瓦尔,雷瓦里,哈里亚纳邦,印度。

3. 数学系,Koneru Lakshmaiah 教育基金,维杰亚瓦达,印度。

4. 计算机科学与工程系,那格浦尔共生研究所,共生国际(认定大学),普纳,马哈拉施特拉邦,印度。

了准确性,导致系统性能低于平均水平[6-8]。使用各种信息来源进行授权可以规避单一方式生物识别技术的一些限制。为了增强安全性,未来的个人许可将严重依赖于多模态生物识别技术。

在多模态生物识别系统的情况下,接受来自两个或多个生物识别输入的信息[9]。虽然单峰式认证系统更为精确,但它们只解决了少数几个问题,如隐私性和抗欺骗能力[10-12]。一种提高精度的方法正在得到普及,这个方法是结合了许多专注于等级匹配的生物特征模态。这个项目已经使用了几种分数级的收敛技术[13,14]。模糊方法和优化技术提高了认证系统的安全性和精度。由于一些特性保证了足够的人口覆盖率,解决了非普遍性问题[15,16]。由于涉及多模态生物识别的许多特征或模态,欺骗问题也得到了解决[17]。对于一个冒名顶替者来说,同时欺骗或攻击一个人将是非常具有挑战性的。

所提出的多生物认证方法利用面部、虹膜生物特征和卷积神经网络进行识别[18]。卷积神经网络被用于这项工作是因为它的设计是发现和学习基本图片和时间序列属性的最佳选择。卷积神经网络在其他关键学科中也有关联,如医学学科成像、信号处理、项目检测和合成数据创建[19]。

在第14.2节中,我们简要讨论了过去在多模态身份验证及其其他应用领域的批判性研究。第14.3节描述了所提出的模型和相关步骤,如预处理步骤、卷积神经网络和图像融合。在第14.4节中,我们详细讨论了所提出的模型的结果。最后,第14.5节包含了本研究的结论和未来的范围,然后是一个参考文献部分。

14.2　相关工作

融合方法、特征提取方法和分类方法只是决定多模态系统感知事物的准确性的少数几个变量[1,2]。近年来,一些学者强调了可靠的多模态生物识别系统的发展[3,4]。所提模型的基础至少包括两个性质。一些例子包括面部和语音研究[5,6],面部和指纹研究[7,8],面部和掌纹研究[9,10],面部和虹膜研究[11-13]以及指纹和手几何研究[12,13]。这项研究提出了一个基于虹膜和面部特征的生物识别系统。我们选择这个选择是因为面部识别是最广泛使用的直观识别人的技术,而虹膜现在被认为是最准确的生物识别系统之一[14,15]。

HOG描述符产生一个特征向量来训练支持向量机,并根据指定的测试输入对结果进行验证。实验结果表明,该方法具有较好的识别准确性和较少的假阳性,并验证了测试和训练图像面部数据库在不同的姿势和照明情况下适当匹配[20]。

面部特征的提取采用主成分分析,而 Gabor 滤波器提取虹膜特征。Bauzouina 和 Harnami[18]使用基于遗传算法的选择元素和分数级融合创建了一个基于面部和虹膜的多模态识别系统。

在建议的工作中,使用 Gabor 滤波器建立了各种应用的混合级融合,用于特征提取和匹配欧几里得度量[2]。

Ashwini L 等[21]提出了一种年龄估计方法,该方法使用 Viola-Jones 算法和欧几里得度量结合 SVM 进行特征提取和分类。该数据库使用了多个年龄类别,推荐的年龄估计准确率为 98.89%。

作者提出了一种基于特征级融合方法的多通道生物识别保护系统的独特方法。采用不同方向和尺寸的 Gabor 滤波器提取面部和虹膜信息。最终,主成分分析将从选定的特征中提取出基本特征进行分类,并由支持向量机分类器进行分类。

Gong[22]提出了一种新的隐藏因素分析范式。从衰老波动中分离出特定人群的特征,以评估该模型稳健的年龄不变的面部特征。

Gong[23]提出了一种独特的年龄不敏感面部识别方法,该系统的面部识别性能有望得到提高。此外,为了提高识别性能,提出了一种新的特征匹配框架——身份因子分析。新方法的实验结果证明了该方法在公开标准数据集上的有效性。

Thakshila 等[24]建议根据性别和年龄对面部照片进行分类。建议的参数是根据面部几何特征差异的影响,两性和面部皮肤纹理的变化随着年龄的增长。性别和年龄分类器的分类正确率为 70.5%,显著高于人脑的分类正确率 75%。

Kumar 等[16]提出了一种多模态的面部–虹膜生物识别系统,该系统结合了分数水平、特征水平和决策级融合的优势,以获得最佳的面部和虹膜信息。利用提取和融合的最优特征计算优化后的分数,利用分数级融合得到的 ROC 曲线生成优化后的判断。作者使用 Log-Gabor 变换检索面部和虹膜特征,然后使用 BSA 特征选择方法选择基本特征。

Zhang 等[25]提出了一种独特的方法来识别面部表情,通过识别每个面部的具体细节。用一个面部特征替换整个特征表情集合,以节省时间和提高准确性。实验表明,该策略在 Cohn-Kanade(CK+)数据库上是成功的。

Bhda 和 Singh[17]建议使用加权评分水平的融合方法将面部和虹膜进行融合。他们使用道格曼技术进行虹膜识别,该技术使用圆形霍夫变换自动划分虹膜和瞳孔区域,然后使用 1D Log-Gabor 滤波器和二进制模板对虹膜的独特特征进行编码。

采用基于 PCA 的技术进行面部识别。虹膜和面部识别的匹配得分采用最小–最大归一化方法进行归一化处理。加权和方法将标准化的分数加到一个分数中。

采用多模态生物识别系统模糊 K-最近邻(FK-NN)进行匹配。许多研究表明,该系统的准确性可以通过融合不同层次的生物特征模板和使用不同的特征提取技术来提高。被引用的出版物使用 Face94 面部数据集、ORL 面部数据集、FERET 面部数据集、IIT 德里虹膜数据集和 CASIA 虹膜数据集来评估他们的方法。在这些尝试中,使用两种截然不同的算法来从面部和虹膜中提取信息,这将使该技术复杂化。这项研究提供了一个单一的方法提取面部和虹膜特征。

14.3 建议的方法

利用基于神经网络的架构,提出的增强智能城市多模态生物识别方法在匹配和评分水平上结合了虹膜和面部生物识别。该技术包括捕获个体的虹膜和面部图像,并从这些图像中提取相关特征。然后使用分数级融合方法对提取的特征进行融合,以获得用于识别的最终分数。

图 14.1 是拟议工作的架构图。

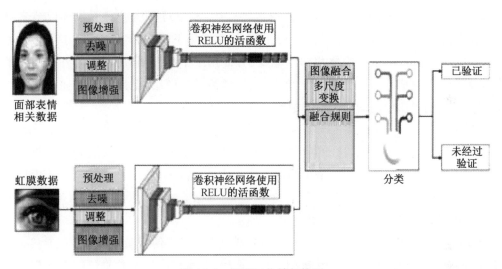

图 14.1 拟议工作的架构图

14.3.1 预处理

预处理的目的是提高图像的质量,以便我们可以更有效地消除不希望的失真和改善我们的应用程序的关键属性。为了获得准备用于模型输入的图像数据,需要进行预处理。例如,一个完全连接层的卷积神经网络要求所有的图像都在同样大小的数组中。预处理还可以缩短模型训练所需的时间,加快推理速度。如果输入图像相对较大,可以通过缩小图像大大缩短模型的训练时间,而不会显著影响模型的性能。这项工作中使用的预处理方法包括,例如,缩放、噪声去除和图像增强。

1. 去噪

预处理旨在提高图像质量,加快分析速度。图像数据必须经过预处理,以便为模型输入做好准备。例如,所有的照片必须在同样大小的卷积神经网络的完全连接层阵列。对模型进行预处理可以缩短训练过程,加快推理速度。减少大型输入照片的大小将大大减少训练模型所需的时间,而不会显著影响模型的性能。以下是本研究中讨论的几个预处理过程:降噪、图像改进和缩放。

2. 调整尺寸

调整照片的尺寸,并可选择调整到适当的尺寸。此外,还按比例调整了其他注释。拉伸、填充、适合内部、适合以及更多的程序包括在调整大小。

3. 图像增强

图像增强旨在增加图片在特定工作中的效用。在图像增强过程中,对数字图像进行改变,以提供更好的图像表示或额外的图像分析结果。例如,锐化或增亮图像可能会简化对基本细节的识别。

14.3.2　卷积神经网络

卷积神经网络是深度学习结构的一个子集,它有几个层,包括完全连接的、卷积的和池层。通过卷积层对输入图像应用滤波器提取特征后,池层对图像进行下采样以节省计算量。然后完全连接的层做出最终的预测。网络使用梯度下降法和反向传播来学习最好的过滤器。每一层都以一个三维体积作为输入,并使用一个可微函数,利用额外的超参数和其他参数将其转换成一本三维书籍。卷积图层、激活函数图层、汇聚图层和完全连接图层是在卷积神经网络中使用的几个图层中的一部分。

1. 卷积层

卷积层结合了输入数据、过滤器和特征映射,并负责大多数处理,该层通过计算每个神经元的权重与附加到该层上的一个小的输入体积区域之间的点积,来计算与输入中局部位置相关联的神经元的输出。

2. 激活函数层

卷积层的输出将在这一层中进行元素级激活函数。经常使用激活函数 RELU、Sigmoid、Tanh、Leaky RELU 等。本研究使用 ReLU 激活函数,因为它能加速并将负值增强到零。这通常被称为激活,因为只有活动属性被转移到下面的一层。ReLU 激活函数的数学方程如式(14.1)所示,及其图如图 14.2 所示。

$$RELU: max(0, x) \tag{14.1}$$

3. 采样层

因为池过程通过减少参数的数量来简化输出,同时进行非线性下采样。已经使用了各种池层,即最大、平均、最小和池。Max-pool 层生成一个特征映射,其中包含前一个特征映射中的突出元素。图 14.3 给出了最大池的示例。

4. 全连接层

在典型的神经网络中,连接层的神经元与下面一层的所有活动都有完整的连接。该层使用通过各种过滤器和前一层收集的属性来执行分类过程。激活可以通过矩阵乘法和偏移来计算。为了可靠地对输入进行分类,完全链接的图层通常使用 SoftMax 激活函数,其概率为 0~1。ReLU 函数通常用于卷积层和池层。

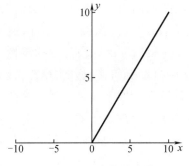

图 14.2 ReLU 激活功能

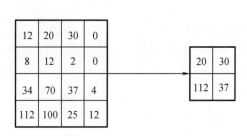

图 14.3 最大值池化流程

14.3.3 图像融合

融合两张或两张以上的照片,以创建一个合成图像的技术,包含在每个图像中的数据称为图像融合。最终的图像有一个更大的信息水平比任何输入的照片。

该融合过程的目的是评估输入图像中每个像素位置的信息,并保留该图像中最准确地描述真实场景内容的数据或提高该融合图像对给定应用程序的有用性。图像融合涉及多个过程,包括多尺度变换和融合规则,这些过程将在下面简要介绍。

1. 多尺度变换(multi scale transformation,MST)

多尺度变换是将源图像分解为多尺度变换域,然后根据预先确定的融合规则合并变换后的系数,通过适当的变换进行逆变换来重建融合图像。这些 MST 算法假设从分解后的系数中提取原始图像中潜在的重要信息是可能的。

2. 融合规则

融合规则精确地将两组表示的环面积分解为不可约表示的直和。融合规则使用区域代替混合像素。因此,根据区域的不同特征,在融合之前可以进行更有效的测试,从源图像中选择适当的测量值。在图像融合过程中对关键信息进行融合时,由于该算法突出了相关特性而忽略了不相关特性,因此称之为规则。这些指导方针对融合过程至关重要,因为选择合理的指导方针可以改善融合过程的结果。不能创建一个融合规则来处理所有应用程序场景。一个图像融合规则通常有四个要素:分别是活动水平测量,系数分组、组合,最后是系数和一致性的组合。

14.4 结果和讨论

印度理工学院德里 Iris&CASIA 数据集提供虹膜扫描[29],包含面部图像 Faces94 和 FG-NET,它们是两个公开可访问的数据集,经常用于最先进的国家。这两个数据集被合并成一个单一的数据集,其中包括每个人的脸部和虹膜的图片。我们使用这种方法来评估几种多模态分类算法,即使外观上的虹膜并不真正属于人(面部和虹膜)。在所使用的最终数据集中有一百五个代表人员的文件夹。在每个文件夹的"面部"和"虹膜"子文件夹中可以找到面部和虹膜的图片。模态识别中的一个重要问题是从图像的组成元素构造图像。该方法将面部图像和虹膜图像相结合。使用 Faces94 数据集、FG-NET(面部和手势识别网络)、CASIA 和 IITD 来实现结果。然后使用有线电视新闻网(ReLU)计算校正后的线性激活函数。最新的面部和虹膜识别检测率为 99.65%。与支持向量机和其他方法相比,该方法的性能优于先前的算法,并提供了更准确的精度估计。计算采用以下技术。混淆矩阵决定了这四个参数的准确性、精确度、召回率和 F1 得分。准确率召回率对于知识检索是至关重要的,积极的课程比消极的课程更重要。由于该模型不担心在运行搜索时获得的任何不相关的信息,因此准确率召回率只需要 TP、FP 和 FN(这是实际的负面情况)。

使用此方程来确定框架的准确性:

$$ACC = \frac{100 \times (TP + TN)}{N} \tag{14.2}$$

使用以下公式来确定系统的精度和召回率:

精确度:有多少好的预测是积极的?

$$Precision = \frac{TP}{TP + FP} \tag{14.3}$$

精度值在 0~1。

回想一下:预计阳性总数中阳性为阳性的比例是多少?它相当于 TPR(实际阳性率)。

在本例中,TP 表示真正的正面,TN 表示真正的负面,FP 表示假正面,FN 表示假负面,N 表示数据集垃圾邮件。图 14.4 描述了一个用于计算所有值的混淆矩阵。当检测到模态(面部和虹膜)时,错误的肯定和否定都是可以的,但是如果我们错过了一个重要的被允许的设计,因为它被归类为未授权的模态,那该怎么办? 在这种情况下,假阳性应该尽可能的低。因此,召回不如准确有效。在权衡许多型号时,选择最好的型号将是困难的(高精度和低召回或反之亦然)。因此,应该有一个同时考虑两者的统计数据。其中一个指标就是 F1分数。

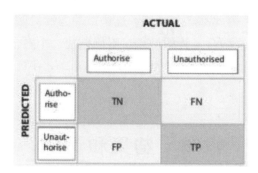

图 14.4 识别用混淆矩阵

F1 分数是精度和召回率的谐波平均值。同时解释了假阳性和假阴性。因此,可以很好地处理一个不平衡的数据集。

$$F1\ score = \frac{2}{\frac{1}{Precision} + \frac{1}{Recall}} = \frac{2 * (Precision * Recall)}{(Precision + Recall)} \tag{14.4}$$

回忆和精度在 F1 分数中被给予相同的权重。

通过加权 F1 评分,我们可以提供各种权重的召回率和准确性。不同的任务对召回率和准确率的影响不同。与精确度、召回率和 F1 相比,用于精确度的性能指标对预测提供的见解较少。表 14.1 将建议的策略与以前的几种方法进行了比较。推荐方法的识别率为 99.65%,优于早期方法,结果较好。

表 14.1 所提方法与其他方法的精度比较

序号	作者	特征抽取	匹配	准确度
1	G. Huo et al.[15] (2015)	利用直方图统计量将二维 Gabor 滤波器的几个尺度和方向转换为能量方向	支持向量机(SVM)	97.81
2	Y. Bouzouina et al.[18](2017)	面部特征采用 PCA 和离散系数变换(DCT)。对于虹膜特性使用一维 Log-Gabor 滤波技术。	支持向量机(SVM)	96.72
3	B. Ammour et al.[2](2018)	结合 Gabor 滤波器和回归核鉴别分析	欧氏距离	97.45
4	B. Ammour et al.[11](2020)	使用二维 Log-Gabor 滤波器和光谱回归核判别分析	模糊的 K-NN(FK-NN)	98.18
5	S. Alshebli et al.[12](2021)	在数据集之前使用对比方法进行预处理后,使用 DWT 和 SVD 以 128:128 的矩阵从数据集中提取特征	欧氏距离	98.90
6	提出的方法	混淆矩阵	使用 RELU 的 CNN	99.65

表 14.2 显示了各种数据集上的其他比较指标,如准确性、召回率和 F1 得分。数值是根据上述混淆矩阵和算法得出的。所有四个数据集都服从建议的技术,并通过将面部和虹膜数据集合成一个单一的数据集来创建一个新的数据集。对于所有的数据集,提出的方法显然表现出更高的识别率。使用多种技术的精度比较图如图 14.5 所示。图 14.6 说明了将建议的策略应用于所有数据集的结果,并表明它在准确性方面优于所有先前的方法。

表 14.2 采用该方法对不同数据集进行计算的结果

序号	数据集	精确度	召回率	F1 分数	准确度
1	Faces94	0.969 9	0.978 6	2.936	98.99
2	FG-NET	0.997 7	0.991 3	2.974	99.30
3	CASIA	0.978 3	0.953 8	2.861	99.10
4	IITD	0.993 9	0.979 5	2.939	99.00
5	Mixed	0.997 7	0.996 0	2.988	99.65

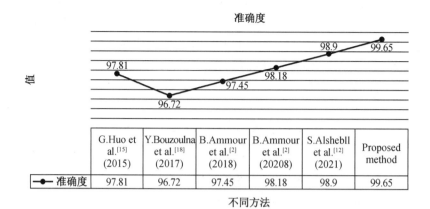

图 14.5　所提方法与其他方法的精度比较

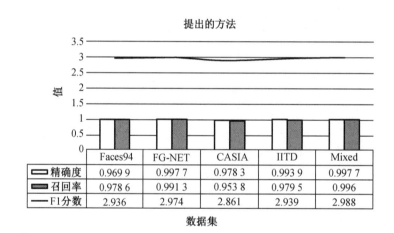

图 14.6　显示了所提方法在不同数据集上的结果

14.5　结论与展望

由于网络世界中新出现的生物识别安全问题,开发出在不受控制环境中检测人类身份的多模态生物识别解决方案。为虹膜和面部生物特征相结合的智能城市多模态生物特征识别提供了一种更加准确和安全的认证方法。采用基于神经网络的结构可以进一步提高精确度,达到 99.03%,同等错误率降低到 0.15%。对于需要精确性和安全性的行业来说,多模态生物特征识别是一项关键技术,本章为智能城市的实施提供了参考。随着各行各业对生物计量学需求的不断增加,这项工作可以指导研究人员和从业人员为不同应用,开发有效的多模态生物特征识别解决方案。

为满足未来的需求,可进一步扩展和改进增强型智能城市多模态生物特征识别技术。一方面是集成生物识别模态,如声音、步态和签名,可以提高系统的准确性和安全性;另一方面是开发一个实时系统来执行生物特征识别。同时,这项工作还可以扩展到医疗和金融等其他领域,在这些领域,生物计量学变得越来越重要。此外,提出的技术可以优化使用机器学习算法或深度学习架构,因此可以随着时间的推移学习和改进,创建出更准确和可靠的生物识别系统。随着各行各业对生物计量学需求的不断增加,这项工作可以指导研究人员和从业人员开发有效的多模态生物特征识别解决方案。

参 考 文 献

[1] Kumar, S., Jain, A., Agarwal, A. K., Rani, S., Ghimire, A., Object-based image retrieval using the u-net-based neural network. *Comput. Intell. Neurosci.*, 22, 1, 1-17, 2021.

[2] Ammour, B., Bowden, T., Boubchir, L., Face-Iris multimodal biometric system based on hybrid level fusion, in: *2018 41st International Conference on Telecommunications and Signal Processing* (*TSP*), pp. 1-5, 2018.

[3] Rani, S., Gowroju, S., Kumar, S., IRIS based recognition and spoofing attacks: A review, in: *2021 10th International Conference on System Modeling & Advancement in Research Trends* (*SMART*), pp. 2-6, IEEE, 2021.

[4] Kumar, S., Singh, S., Kumar, J., Prasad, K. M. V. V., Age and gender classification using Seg-Net based architecture and machine learning. *Multimed. Tools Appl.*, 22, 3, 1-18, 2022.

[5] Kumar, S., Singh, S., Kumar, J., Face spoofing detection using improved segnet architecture with blur estimation technique. *Int. J. Biom. Indersci. Publ.*, 13, 2-3, 131-149, 2021.

[6] Rani, S., Kumar, S., Ghai, D., Prasad, K. M. V. V., Automatic detection of brain tumor from CT and MRI images using wireframe model and 3D Alex-Net, in: *2022 International Conference on Decision Aid Sciences and Applications* (*DASA*), pp. 1132-1138, 2022.

[7] Rani, S., Lakhwani, K., Kumar, S., Three-dimensional wireframe model of medical and complex images using cellular logic array processing techniques, in: *International Conference on Soft Computing and Pattern Recognition*, pp. 196-207, Springer, Cham, 2020.

[8] Rani, S., Ghai, D., Kumar, S., Reconstruction of a wireframe model of complex images using syntactic pattern recognition, in: *4th Smart Cities Symposium* (*SCS 2021*), pp. 8-13, Online Conference, Bahrain, 21-23 November 2021.

[9] Rani, S., Ghai, D., Kumar, S., Kantipudi, M. V. V., Alharbi, A. H., Ullah, M. A., Efficient 3D AlexNet architecture for object recognition using syntactic patterns from

medical images. *Comput. Intell. Neurosci.*, 2022, 1-19, 2022.

[10] Kumar, S., Singh, S., Kumar, J., Face spoofing detection using improved SegNet architecture with blur estimation technique. *Int. J. Biom. Indersci. Publ.*, 13, 2-3, 131-149, 2021.

[11] Ammour, B., Boubchir, L., Bouden, T., Ramdani, M., Face-Iris multimodal biometric identification system. *Electronics*, 9, 1, 85, 2020 Jan, Available from: http://dx. doi. org/10. 3390/electronics9010085. 298 Multimodal Biometric and Machine Learning Technologies

[12] Alshebli, S., Kurugollu, F., Shafik, M., Multimodal biometric recognition using iris and face features, in: *Advances in Transdisciplinary Engineering*, *E-book*, vol. 15, Advances in Manufacturing Technology XXXIV.

[13] Kumar, S., Rani, S., Jain, A., Verma, C., Raboaca, M.S., Illés, Z., Neagu, B. C., Face spoofing, age, gender and facial expression recognition using advance neural network architecture-based biometric system. *Sens. J.*, 22, 14, 5160-5184, 2022.

[14] Gowroju, S. and Kumar, S., Robust pupil segmentation using UNET and morphological image processing, in: *2021 International Mobile*, *Intelligent*, *and Ubiquitous Computing Conference* (*MIUCC*), *pp.* 105-109, IEEE, 2021.

[15] Huo, G., Liu, Y., Zhu, X., Dong, H., He, F., Face-Iris multimodal biometric scheme based on feature level fusion. *J. Electron. Imaging*, 24, 6, 1-10, 2015, Available from: https://doi. org/10. 1117/1. JEI. 24. 6. 063020.

[16] Kumar, S., Mathew, S., Anumula, N., Chandra, K. S., Portable camera-based assistive device for real-time text recognition on various products and speech using android for blind people, in: *Innovations in Electronics and Communication Engineering*, Lecture Notes in Networks and Systems, pp. 437-448, 2020.

[17] Bhola, A. and Singh, S., Visualization and modeling of high dimensional cancerous gene expression dataset. *J. Inf. Knowl. Manag.*, 18, 01, 1950001-22, 2019.

[18] Bouzouina, Y. and Hamami, L., Multimodal biometric: Iris and face recognition based on feature selection of iris with GA and scores level fusion with SVM. *2017 2nd International Conference on Bioengineering for Smart Technologies* (*BioSMART*), pp. 1-7, 2017.

[19] Bhola, A. and Singh, S., Gene selection using high dimensional gene expression data: An appraisal. *Curr. Bioinform.*, 13, 3, 225-233, 2018.

[20] Julina, J. K. J. and Sree Sharmila, T., Facial recognition using histogram of gradients and support vector machines, in: *IEEE International Conference on Computer*, *Communication and Signal Processing* (*ICCCSP*), pp. 1-5, 2017.

[21] Ingole, A. L. and Karande, K. J., Automatic age estimation from face images using facial features, in: *IEEE Global Conference on Wireless Computing and Networking* (*GCWCN*),

pp. 104-108, 2018.

[22] Gong, D., Li, Z., Lin, D., Liu, J., Tang, X., Hidden factor analysis for age invariant face recognition, in: *Proceedings of the IEEE International Conference on Computer Vision.* pp. 2872-2879, 2013.

[23] Gong, D., Li, Z., Tao, D., Liu, J., Li, X., A maximum entropy feature descriptor for age invariant face recognition, in: *Proceedings of the IEEE Conference on Computer Vision and Pattern Recognition*, pp. 5289-5297, 2015.

[24] Kalansuriya, T. R. and Dharmaratne, A. T., Facial image classification based on age and gender, in: *IEEE International Conference on Advances in ICT for Emerging Regions (ICTer)*, pp. 44-50, 2013.

[25] Zhang, R., Li, J., Xiang, Z.-Z., Su, J.-B., Facial expression recognition based on salient patch selection, in: *IEEE International Conference on Machine Learning and Cybernetics (ICMLC)*, pp. 502-507, 2016.

专 业 词 汇

曲线回归,非多项式回归

多项式回归

客户评论

数据挖掘技术

棵决策树

深度学习

数字图像

DL 应用程序

自动化车辆

通信

电子产品

工业自动化

医学研究

卫星通信

早期融合

基于脑电图的机器学习

提高运动员的表现

登记

乐团

合奏学习

等误差率

欧几里得损失函数

Excel

面部识别

错误接受率

错误拒绝率

功能

联邦学习

财务评估

指纹识别

手指识别

FIS

健身和体育服务

核聚变

融合水平

模糊分类

模糊聚类分析

模糊综合评价

模糊专家系统

模糊积分

模糊逻辑

模糊逻辑和数据交换协议技术

基于模糊逻辑的体育评价

模糊逻辑技术

模糊逻辑理论

模糊成员函数

冲动

左侧梯形

右侧梯形

三角形

模糊神经逻辑与回归

分析

基于模糊规则的系统

模糊规则

确定性因子

重要程度

广义模糊生产规则

噪声容忍度

敏感性因子

简单模糊规则

加权模糊生产规则

门复发单位

高斯混合模型

基因调控网络

谷歌审查分析仪

GRU 单元格

Haar 特性

医疗保健

灾难

质量

工人

层次聚类

铰链损失函数

头盔显示器提高性能

头盔显示器的

人类行为

混合动力车型

标识

图像处理

浸入式

沉浸式虚拟现实

原位生物量

归纳学习

信息检索

排球运动员智能模型人才

标准间分析技术

中间融合

iOS 操作系统

k 均值聚类

晚期融合

泄漏 ReLU

线性回归

错误

截距

坡度

锁定

物流回归

长短期记忆

指数

机器学习

宏观模型,中观模型和微观模型

元学习

度量学习

更吸引人,更活跃

通过 VR 获得更多学习好处

最小生成树

多模态情绪识别

复合模式融合其他复合生物特征识别积分

多模态

多模态生物识别系统

多模态生物识别学

多模态共学习

模态深度学习

多模态事件检测

多模态学习

多模态学习

多元线性回归

多任务学习

多模式的

自然语言处理

神经网络

神经心理评估使用

虚拟现实

噪声 ReLU

归一化差异植被

指数(NDVI)

面向对象

一次性可编程

大纲学习

增量学习算法

顺序学习

大流行

参数线性单位

304 指数

主成分分析

表现动机

光合主动辐射

身心表现

物理治疗和锻炼

池

概率推理

建议的方法

基于卷积神经网络的方法

数据开发

使用的数据集

基于动态时间规整的实现

准确性的措施

出的模型实施

基于深度学习的结果

方法

提出的方法的结果

基于卷积神经网络的方法

基于共享虚拟存储器的实现

验证和培训

随机森林

认可度

递归神经网络

回归

强化学习

ReLU 激活功能

遥感

图像分辨率

受限玻尔兹曼机

风险评估框架

基于模糊化的风险评估系统

逻辑

规则基础

卫星数据

自我监督学习

自学学习

语义搜索

半监督学习

半监督学习方法

传感器（MODIS terra）

句子分割

情绪分析

sig 型函数

短信

软最大损失函数

垃圾邮件过滤器

欺骗

体育康复训练

体育文化产业的竞争水平

体育设施

体育训练

力量训练

支持向量机

超平面

保证金

支持向量机

Tanh 激活函数

目标学习

TENDIAG1 测试电池

文本

文本分析

基于文本

文本分类

文本集合

文本文档

文本信息

文本信息提取

文本挖掘

文本预处理

文本样本

文本摘要

文本数据

文本到语音

迁移学习

推文

单峰化

非结构化文本

无监督学习

疫苗接种

疫苗插槽追踪器

植被指数

视频描述

虚拟竞争对手

指数

虚拟环境

病毒

视觉问题回答

基于 VRcave 的运动员训练环境

虚拟现实环境

造福社会

虚拟现实在训练过程中

虚拟现实运动应用

虚拟现实技术

基于虚拟现实的成像（VRBI）

虚拟现实技术与运动练习一起增强

技能

波长反射